果树丰产栽培技术丛书

HETAO YOUZHI FENGCHAN ZAIPEI SHIYONG JISHU

核桃优质丰产栽培实用技术

陈敬谊　主编

化学工业出版社
·北京·

图书在版编目（CIP）数据

核桃优质丰产栽培实用技术/陈敬谊主编．—北京：化学工业出版社，2016.1（2018.5重印）
（果树丰产栽培技术丛书）
ISBN 978-7-122-25784-0

Ⅰ.①核… Ⅱ.①陈… Ⅲ.①核桃-果树园艺
Ⅳ.①S664.1

中国版本图书馆CIP数据核字（2015）第288967号

责任编辑：邵桂林　　文字编辑：周　倜
责任校对：吴　静　　装帧设计：刘剑宁

出版发行：化学工业出版社（北京市东城区青年湖南街13号　邮政编码100011）
印　　刷：北京京华铭诚工贸有限公司
装　　订：三河市瞰发装订厂
850mm×1168mm　1/32　印张6¼　字数161千字
2018年5月北京第1版第3次印刷

购书咨询：010-64518888（传真：010-64519686）　售后服务：010-64518899
网　　址：http://www.cip.com.cn
凡购买本书，如有缺损质量问题，本社销售中心负责调换。

定　　价：20.00元

前 言

核桃栽培管理技术的高低直接影响核桃园的经济效益。现代农业的大背景下，在果树的栽培管理生产中，已经不能仅关注果品的产量，更应注重果品的质量，才能满足市场需求，才能创造出高的经济效益，这就需要有现代的、先进的果树栽培和管理技术做后盾。同时随着国家现代新型农业产业体系的建设，越来越多的人加入到现代农业的经营与管理的行列，尤其各地新建各种大型农业园区、核桃园区等的发展势头强劲，核桃的优质、高效、丰产栽培与管理技术是相关从业者必须掌握的关键技术。

本书对核桃生产现状与发展趋势、核桃优良品种的特性与品种选择、核桃育苗技术、核桃园建园技术、营养与土肥水管理技术、整形修剪技术、花果管理技术、病虫害防治技术等内容进行了详细的介绍，以便使核桃的种植及管理人员、相关技术服务人员能够全面、详尽地掌握核桃优质丰产的现代栽培技术。

本书结合笔者多年生产一线的实践经验，根据核桃栽培管理中的实际需求，力求介绍生产中最实用的先进技术，介绍生产新动向，以服务于现代农业大背景下的核桃产业的发展需求，使内容贴近实际，解决果农在生产中遇到的实际问题。

本书由陈敬谊主编，程福厚参编，在编写过程中，参阅了一些专家、学者的研究成果及相关书刊资料，在此表示真诚的谢意。

由于水平有限，加之时间仓促，书中疏漏之处，敬请读者批评指正。

编者

2015 年 10 月

目录

contents

第一章 概 述

第一节 核桃栽培的经济意义

核桃适应性极强，荒山、荒地、荒坡均可栽培。管理方便，结果期长。

每 100 克干核桃仁中含水分 3～4 克，脂肪 63.0 克，蛋白质 15.4 克，碳水化合物 10.7 克，粗纤维 5.8 克，磷 32 毫克，钙 108 毫克，铁 3.2 毫克，胡萝卜素 0.17 毫克，硫胺素 0.32 毫克，核黄素 0.11 毫克，尼克酸 1.0 毫克。据分析，1 千克核桃仁的营养价值相当于 9.5 千克牛奶，或 5 千克鸡蛋，或 4 千克牛肉。核桃仁中含油量高达 70%，且油中的脂肪酸主要是油酸和亚油酸等不饱和脂肪酸，是仅次于橄榄油的优质油。种仁味道鲜美，除直接食用，还可做加工食品料，如蛋糕、月饼馅。核桃还是我国出口创汇的主要果树树种。

核桃仁可补气养血、温肠补肾、止咳润肺。常食核桃可利三焦、散肿毒、通经脉、黑须发、利小便、去五痔。内服核桃青皮（中药称青龙衣）可治慢性气管炎、肝胃气痛，外用治顽癣和跌打外伤。坚果隔膜（中药称分心木）可治肾虚遗精和遗尿。核桃的枝叶入药可治疗多种肿瘤、全身瘙痒。

木材质地坚硬、纹理细致、伸缩性小、抗冲击力强，不翘不裂，不受虫蛀，是航空、交通和军事工业的重要原料。核桃的树皮、叶和果实青皮含有大量的单宁，可提取栲胶。果壳可烧制成优质的活性炭，是国防工业制造防毒面具的优质材料。

第二节　核桃生产中存在问题和发展趋势

核桃原产于欧洲东南部和亚洲西部（伊朗一带）。在我国核桃人工栽培已有2000年以上的历史。

一、存在问题

① 目前盛果期大树多为实生苗木，变异大，产量低，品质差。

② 优良品种推广较慢，许多优良品种不能及时得到应用。

③ 栽培管理措施不当，粗放经营，修剪不及时，病虫害严重。

④ 采收不断提前，严重减产。

二、发展趋势

① 采用优良品种，适地适栽。选择适合在当地条件栽培表现最佳的品种。

② 采用科学栽培管理技术。从建园、土肥水管理、修剪技术、果实管理和采收、病虫害防治等各环节，采用先进、规范管理。

第三节　早实核桃栽培管理技术要点

早实核桃是从新疆薄壳核桃中选育出的优良类型，深受广大种植者和消费者欢迎。近年来，我国北方地区新发展的核桃品种中，早实核桃占90%左右。但是，由于受传统晚实核桃栽培的影响，群众缺乏对早实核桃的认识，管理理念滞后，不重视栽培后的前期管理，栽培密度偏小，不重视整形修剪，采收偏早，严重影响了早实核桃的栽培效益。针对早实核桃栽培中普遍存在的问题，根据早实核桃生长结果的特点及其对外界环境条件的要求，总结出了早实核桃栽培技术要点，供生产上参考应用。

一、合理密植

相对于晚实核桃，早实核桃的株体较小，形成雌花芽早而多，

结果较早，可以适当密植，以利群体优势的发挥，实现早丰产。在具体确定栽植密度时，应因地制宜，立地条件好的平地可按 3 米×(4～5)米的株行距，每亩❶栽植 44 株或 55 株。

二、合理配置授粉品种

核桃为雌雄同株异花植物，雌雄花期不相遇是影响正常结果的重要原因之一，因此，建园时必须合理配置授粉品种，即雄先型品种和雌先型品种合理搭配。目前推广的优良早实品种有中林 5 号、辽河系列、清香、香玲等；授粉品种有中林 1 号、绿波等。主栽品种与授粉品种品质相当的情况下，可按 4∶1 的比例配植。

三、高质量建园技术

核桃幼苗相对组织较疏松，抵抗不良环境的能力较弱，冬季容易受冻害，春季易“抽条”干枯，加之核桃幼苗垂直根生长势强，侧根生长较弱，根量较少，对栽后成活和前期生长制约性较大，因此，为了达到当年建园全苗壮苗的标准，为早丰产打好基础，必须严把建园质量关。首先要选择适宜的栽植时期，冬季不太寒冷的地区或年份，可以秋栽，但要注意采取防冻防失水措施；冬季寒冷的地区，应实行春植。其次，要深挖浅栽，防止根系失水，确保根系与土壤密接。栽后应及时灌透水，加强栽后管理，采取地膜覆盖等措施，促进根系生长发育。定干的剪口应涂蜡或漆，防止剪口伤流。

四、加强土肥水管理

核桃具有深根性的特点，正常生长要求深厚肥沃的土壤条件。栽后每年在树冠垂直投影外缘向外挖深 60～80 厘米、宽 30～40 厘米的环形沟，进行扩穴深翻，并按每株 25 千克优质农家肥的标准施肥，培肥土壤，创造良好的土壤条件。生长季及时浅锄中耕，控

❶ 1 亩＝666.7 平方米。

制杂草，保持良好的土壤通气性。萌芽期和坐果期按每株0.25～0.50千克尿素追肥；果实发育期每株追0.5千克复合肥；果实成熟前期追施磷、钾肥。灌水结合施肥进行。此外，为满足果树的急需，生长季前期结合喷药，叶面喷施0.3%尿素；生长季中后期喷施0.5%磷酸二氢钾。

五、合理整形修剪

首先应确定合理的树形，主要依据栽植密度确定树形和树冠结构。2米×(3～4)米的株行距可按纺锤形整形，每株按上下30厘米左右的间距，选留1个主枝，全树主枝8～10个，主枝角度70°～80°，树高3米左右。3米×(4～5)米的株行距可按小冠疏层形整形，干高60厘米，主枝5个，分两层，第1层3个，第2层2个，层间距80～100厘米。

第二章　主要种类和品种

第一节　核桃的主要种类

核桃科共有 7 个属，约有 60 个种。用于果树栽培的有 2 个属，即核桃属和山核桃属。

一、核桃属

核桃属约有 20 个种分布在亚洲、欧洲和美洲。我国栽培的有 18 个种，其中栽培最多、分布最广的有 2 个种，即普通核桃和铁核桃，其余有少量栽培或野生，或用作砧木。

1. 普通核桃

又称胡桃、芜桃、万岁子，国外叫作波斯核桃或英国核桃。核桃绝大多数栽培品种均属此种。

（1）山西、河北、陕西、甘肃、河南、山东、新疆、北京等省（区、市）为集中产地。

（2）生物学特性　普通核桃树为高大落叶乔木，一般树高10～20 米，树冠大，寿命长；树干皮灰色，幼树平滑，老时有纵裂。雌雄同株异花、异熟。对寒冷、干旱的抵抗力较弱，不耐湿涝。

（3）果实特征　果实为坚果（假核果），圆形或长圆形，果皮肉质，幼时有黄褐色茸毛，成熟时无毛，绿色，具稀密不等的黄白色斑点；坚果多圆形，表面具刻沟或光滑。种仁呈脑状，被浅黄色或黄褐色种皮。

2. 铁核桃

又称泡核桃、漾濞核桃、茶核桃、深纹核桃。

(1) 主要分布在云南、四川、贵州等地。

(2) 落叶乔木，树皮灰色，老树暗褐色具浅纵裂。雌雄同株异花。喜湿热气候，不耐干冷，抗寒力弱。

(3) 果实倒卵圆形或近球形，黄绿色，表面幼时有黄褐色茸毛，成熟时无毛；坚果倒卵形，两侧稍扁，表面具深刻点状沟纹。内种皮极薄，呈浅棕色。

3. 核桃楸

又称胡桃楸、山核桃、东北核桃、楸子核桃。

(1) 原产东北，以鸭绿江沿岸分布最多，河北、河南也有分布。

(2) 落叶大乔木，高达 20 米以上；树皮灰色或暗灰色，幼龄树光滑，成年后浅纵裂。抗寒性强，生长迅速，可作核桃品种的砧木。

(3) 果实卵形或椭圆形，先端尖；坚果长圆形，先端锐尖，表面有 6～8 条棱脊和不规则深刻沟，壳及内隔壁坚厚，不易开裂，内种皮暗黄色，很薄。

4. 河北核桃

又称麻核桃，系核桃与核桃楸的天然杂交种，在河北、北京和辽宁等地有零星分布。

落叶乔木，树皮灰白色，幼时光滑，老时纵裂。雌雄同株异花。果实近球形，顶端有尖；坚果近球形，顶端具尖，刻沟、刻点深，有 6～8 条不明显的纵棱脊，缝合线突出；壳厚不易开裂，内隔壁发达，骨质，取仁极难，适于作工艺品。抗病性及耐寒力均很强。

5. 野核桃

又称华核桃、山核桃，分布于甘肃、陕西、江苏、安徽、湖北、湖南、广西、四川、贵州、云南、台湾等地。

乔木或有时呈灌木状，树高通常 5～20 米或更高。果实卵圆形，先端急尖，表面黄绿色，密被腺毛；坚果卵状或阔卵状，顶端尖，壳坚厚，具 6～8 棱脊，棱脊间有不规则排列的刺状凸起和凹

陷，内隔壁骨质；仁小，内种皮黄褐色，极薄。可作核桃品种的砧木。

6. 黑核桃

本种原产北美，现在北京、山西、河南、江苏、辽宁、河南等省（市）均有引种栽培。

高大落叶乔木，树高可达 30 米以上；树皮暗褐色或棕色，沟纹状深纵裂。果实圆球形，浅绿色，表面有小突起，被柔毛；坚果圆形或扁圆形，先端微尖，壳面具不规则的纵向纹状深刻沟，坚厚，难开裂。

7. 吉宝核桃

又称鬼核桃、日本核桃，原产日本，20 世纪 30 年代引入我国，现在辽宁、吉林、山东、山西等省有少量种植。

落叶乔木，高达 20～25 米；树皮灰褐色或暗灰色，成年时浅纵裂。果实长圆形，先端突尖；坚果有 8 条明显的棱脊，棱脊间有刻点，缝合线突出，壳坚厚，内隔骨质，取仁困难。

8. 心形核桃

又称姬核桃，原产日本，20 世纪 30 年代引入我国，现在辽宁、吉林、山东、山西、内蒙古等省（区）有少量栽培。

本种形态与吉宝核桃相似，其主要区别在果实。心形核桃果实为扁心脏形，个较小；坚果扁心脏形，壳面光滑，先端突尖，非缝合线两侧较宽，缝合线两侧较窄，其宽度约为非缝合线两侧的1/2。非缝合线两侧的中间各有一条纵凹沟。坚果壳厚，无内隔壁，缝合线处易开裂，可取整仁，出仁率 30%～36%。

二、山核桃属

本属约有 21 个种，主要产于北美，其中 1 个种产于我国。现我国栽培的主要是山核桃和薄壳山核桃 2 个种。

1. 山核桃

别名山核、山蟹、小核桃，产于我国浙江、安徽等省。生长于针叶阔叶混交林中。乔木，树皮光滑。果实倒卵形，幼时有 4 棱；

坚果卵形，顶端短尖，基部圆形，壳厚有浅皱纹。

2. 薄壳山核桃

别名美国山核桃、培甘、长山核桃，原产美国，是当地重要干果，我国云南、浙江等地有引种栽培。乔木，皮黑褐色。果实矩圆形或长椭圆形，有 4 条纵棱；坚果矩圆形或长椭圆形。

第二节　核桃品种分类

核桃品种的分类，国际上尚无权威而统一的方法。我国根据核桃现有资源现状，为了区别异同和优劣，便于生产上选择应用，首先将核桃分为核桃和铁核桃两个种群，再按核桃开始结果早晚将两个种群各分为晚实类群和早实类群。在类群中，依据壳的厚薄分为四大品种群。

一、根据核桃结果早晚的性状分类

1. 早实核桃

播种后 2～3 年生、嫁接后 1～2 年能开始结实的品种或优株属于早实核桃类群。本类群树体较小，常有二次生长和二次开花结果现象，发枝力强，侧生混合花芽和结果枝率高。

2. 晚实核桃

用种子播种 6～10 年生或嫁接后 3～5 年开始结实的品种或优株属于晚实核桃类群。主要生长和结果特点是树体高大、无二次开花现象、发枝力弱、侧生结果枝率低。

二、根据核壳的厚薄分类

1. 纸皮核桃品种群

壳极薄，厚度在 1 毫米以下，内隔壁退化，可取整仁，出仁率在 65%以上，属最优品种群。

2. 薄壳核桃品种群

壳薄，厚度为 1.1～1.5 毫米，内隔壁膜质或退化，可取半仁

或整仁，出仁率 50.1%～64.9%，属优良品种群。

3. 中壳核桃品种群

壳皮较厚，厚度为 1.6～2.0 毫米，内隔壁革质或膜质，取仁较难，可取 1/4 或半仁，出仁率 40.1%～49.9%，属一般品种。

4. 厚壳核桃品种群

壳最厚，厚度在 2.1 毫米以上，内隔壁发达，骨质或革质，只能取碎仁，出仁率在 40%以下，属最差品种。

第三节　主要品种

一、早实核桃

1. 辽宁 1 号

由辽宁省经济林研究所刘万生等人工杂交培育而成，已在辽宁、河南、河北、陕西、山西、北京、山东、湖北等地大面积栽培。坚果圆形，果基平或圆，果顶略呈肩形。坚果重 9.4 克。壳面较光滑，色浅。缝合线微隆起，结合紧密，壳厚 0.9 毫米，内褶壁退化，可取整仁，出仁率 59.6%。种仁饱满，黄白色，风味佳。雄先型品种。长势强，枝条粗壮，果枝率高，丰产。适应性强，比较耐寒、耐旱，抗病性强。坚果品质优良，适宜在我国北方核桃栽培区发展。

2. 辽宁 7 号

由刘万生等通过人工杂交育成，亲本为新疆纸皮核桃实生后代的早实类型 21102×辽宁朝阳大麻核桃，1990 年定名。

树势强壮，树姿开张或半开张，分枝力强。果枝率 91.0%，坐果率 60%以上，多为双果，丰产性强，5 年生株产 4.7 千克。属雄先型。坚果圆形，果基圆，果顶圆，壳面极光滑，色浅；缝合线窄而平，结合紧密。坚果重 10.7 克，壳厚 0.9 毫米，内褶壁膜质或退化，横隔退化，可取整仁，果仁重 6.76 克，出仁率 62.6%。核仁充实饱满，黄白色，风味佳，9 月中旬坚果成熟。该品种抗病，抗寒，坚果品质优良。

3. 扎 343

新疆林业科学院从阿克苏地区扎木台试验站实生早实核桃中选育而成。坚果椭圆或卵圆形，壳面光滑美观，单果重 15.5 克，壳厚 1.2 毫米，出仁率 52%～56%，仁色浅黄。树势旺盛，树姿半开张。雄先型。该品种早实、丰产、稳产，适合于密植，抗寒、抗病和耐旱性较强。应加强肥水管理，合理负载，避免早衰。

4. 中林 5 号

中国林业科学院人工杂交育成。坚果圆形，壳面光滑，颜色黄白，壳厚 1.0 毫米，横隔膜质，容易取仁，出仁率 60%，核仁饱满色浅，品质上。树势中庸，树姿较开张，分枝力强，枝条粗节间短，短果枝结果为主。雌先型。抗病力、抗寒力和耐旱性均较强。该品种属短枝型。在条件较好的地方，宜密植栽培。因其丰产性很强，坐果率高，结果多时果实变小，应进行疏果和加强肥水管理。

5. 香玲

由王钧毅等于 1978 年杂交育成，主要栽培于山东、河南、山西、陕西、河北等地。坚果卵圆形，基部平，果顶微尖。坚果重 12.2 克左右，最大 14 克。壳面刻沟浅，光滑美观，浅黄色，缝合线较窄而平，结合紧密，壳厚 0.9 毫米左右，内褶壁退化，可取整仁，出仁率 65.4%左右。种仁充实饱满，色浅黄，味香而不涩。雄先型品种。树势较旺，树姿较直立，分枝力较强。适应性较强，丰产，适宜在山区土层较深厚和平原林粮间作栽培。

6. 绿岭

由河北农业大学李保国教授等在河北绿岭果业有限公司于 1995 年引进的香玲品种中选出，2005 年定名。目前主要分布在河北省内。

树势强壮，树姿开张，树冠半圆形，叶为奇数羽状复叶，由 5～9 片小叶组成，小叶为长椭圆形，顶端小叶最大。雌雄同株，雄先型。新梢黄绿色，叶色浓绿。芽半圆形，大而离生，雌花序有花 1～2 朵。坚果卵圆形，浅黄色，三径平均为 3.42 厘米，平均单

果重12.8克。壳厚0.8毫米，均匀、不露仁，缝合线平滑而不突出，果面光滑美观，内种皮淡黄色，无涩味，种仁饱满浓香。出仁率67%以上，脂肪含量69.93%，蛋白质含量22%。3年生树高一般可达2.7～3.0米，冠径2.2～2.8米，干周15厘米左右。发枝力强，以中短果枝结果为主，侧芽结果率为83.2%。早实、丰产，栽植第二年可结果，5年进入盛果期。在河北临城3月下旬萌芽，4月上中旬展叶，4月中下旬雄花散粉，果实硬核期在6月中下旬，果实成熟期9月初，果实生育期110～120天，11月上旬落叶。

抗逆性、抗病性、抗寒性均强，耐旱。对细菌性褐斑病和炭疽病具有较强的抗性。

7. 绿波

由罗秀钧、梁文德等从河南省林业科学院试验园的新疆核桃实生后代中选出，主要栽培于河南、山西、河北、陕西、辽宁、甘肃、湖南等地。坚果卵圆形，果基圆，果顶尖。坚果重11克左右，最大14克。壳面较光滑，有小麻点，色较浅，缝合线较窄而凸，结合紧密，壳厚1.0毫米，内褶壁退化，可取整仁，出仁率59%左右。种仁充实饱满，色浅黄，味香而不涩。雌先型品种。树势强，树姿开张，分枝力中等。适应性强，抗果实病害，丰产、优质。适宜在华北黄土丘陵区栽培。

8. 强特勒

美国培育的品种，现在河南、北京等地有栽培。果实长圆形，坚果大，平均单果重12.86克，单仁重6.3克。壳厚1.5毫米，壳面光滑，缝合线平，结合紧密，取仁容易，出仁率50%。核仁色浅，品质极佳，丰产性强。树体中等大小，树势中庸，树姿直立。雄先型。该品种适合在温暖的北亚热带气候区栽培。

二、晚实核桃

1. 晋龙1号

由山西省林业科学院刘文德、王贵等从汾阳县晚实实生核桃中选出，主要栽培于山西、北京、山东、江西等地。坚果近圆形，果基微凹，果顶平，坚果重 14.85 克。壳面较光滑，有小麻点，缝合线窄而平，结合较紧密，壳厚 1.09 毫米左右，内褶壁退化，易取整仁，出仁率 61%左右。核仁充实饱满，味香甜。雄先型品种。幼树树势较旺，结果后逐渐开张，分枝力中等。抗寒、耐旱、抗病性强。适宜在华北、西北地区栽培。

2. 礼品 2 号

由刘万生等于 1977 年从辽宁省经济林研究所的实生核桃园中选出，主要栽培于辽宁、河北、北京、山西、河南等地。坚果长圆形，果基圆，果顶圆微尖，坚果重 13.5 克。壳面光滑，色浅，缝合线窄而平，结合较紧密，壳厚 0.7 毫米，内褶壁退化，极易取整仁，出仁率 67.4%。核仁充实饱满，色浅，风味佳。雌先型品种。树势中庸，树姿半开张，分枝力较强。丰产抗病，适宜在我国北方核桃栽培区栽培。

3. 清香

晚实核桃优良品种，由日本清水直江从晚实核桃实生群体中选出，现已在河北省等地栽培。坚果较大，平均单果重 12.4 克，近圆锥形，大小均匀。壳皮光滑淡褐色，外形美观，缝合线紧密。种仁饱满，内褶壁退化，取仁容易，出仁率 52%～53%。仁色浅黄，风味极佳。树体中等大小，树姿半开张，雄先型。幼树时生长较旺，结果后树势稳定，丰产性好。该品种抗寒、抗晚霜、抗病性均很强。

4. 哈特利［哈特雷（Hartley)］

美国主栽品种，现在河南、北京、辽宁、山东等地栽培。坚果圆锥形，果基平，果顶渐尖，坚果重 14.5 克。壳面光滑，缝合线平，结合紧密，仁重 6.7 克，出仁率 46%左右。雌先型品种。在土壤瘠薄或水分不调时，易发生树皮深层溃疡病而限制该品种的发展。适宜在北亚热带气候区栽培。

5. 福兰克蒂（Franquette)

法国品种，在欧美各地核桃产区均有大量栽植。坚果较小，平均果重 11.09 克，缝合线紧密，出仁率 46%，核仁色极浅。该品

种最大的特点是早春萌芽及开花较晚，可避开晚霜为害。树体高大，直立性强，一般只有顶芽能够结果，较丰产，宜大冠稀植栽培。

三、铁核桃品种

1. 大泡核桃

又名漾濞泡核桃，为云南早期无性优良品种。坚果扁圆形，单果重12～13克。壳面刻点多而深，缝合线隆起，结合紧密，壳厚1.0毫米，内褶壁纸质，取仁容易，出仁率55%～58%。核仁饱满，香甜不涩。树势较强，树姿直立。

2. 娘青核桃

云南早期无性系品种。坚果卵圆形，单果重11～12克。壳面较粗糙，缝合线略凸而紧密，壳厚1.2～1.3毫米，内褶壁与横隔革质，取半仁，出仁率41%～47%。核仁饱满，淡紫色。树势开张，冠形紧凑。雄先型。该品种抗病性和适应性较强，宜作仁用品种栽培。

3. 三台核桃

别名草果形核桃，主要分布于云南大姚县、宾川县、祥云县等地。坚果倒卵圆形，果基尖，果顶圆。坚果重9.49～11.57克。壳面较光滑，色浅，缝合线窄，上部略凸起，结合紧密，壳厚1.0～1.1毫米，内褶壁及横隔膜膜质，易取整仁，出仁率45%～51%。核仁充实饱满，色浅，味香醇且不涩。雄先型品种。树势旺，树姿开张，丰产，优质。

4. 细香核桃

别名细核桃，主要栽培于滇西昌宁县、龙陵县、保山县、施甸县、腾冲县等地。坚果圆形，果基和果顶较平。坚果重8.9～10.1克。壳面麻，缝合线较宽，凸起，结合紧密，壳厚1～1.1毫米，内褶壁及横隔膜膜质，易取整仁，出仁率53.1%～57.1%。核仁充实饱满，色浅，味香。雄先型品种。树势强，树姿开张，丰产性好，适宜作加工品种。

第四节 品种选择

品种的选择应考虑以下几点。

① 所选品种应具有良好的商品性状，如生长强健、抗逆性强、优质、丰产等。

② 要能适应当地气候和土壤条件，特别是从外地引入品种，在缺乏确切的区域栽培试验等引种根据以前，不可轻易大量引种。只有弄清其对土壤、肥力、不良气候条件等的适应能力之后，才能因地制宜地进行引种。

③ 目前，我国已经选育出一些优良的核桃品种，包括早实品种和一些晚实品种，各地可根据当地情况选用。早实核桃品种一般结果早、丰产性强，有些早实核桃品种对栽培条件要求严格，如果立地条件差、不施肥、不修剪，结果后 4～5 年就会因结果过多而衰弱死亡。早实核桃最好在立地条件好的地方发展；在立地条件差、管理粗放的地方采用晚实核桃品种。

第三章　生长结果特性

果树的生长结果习性包括根系、芽、枝、叶、开花、结果、果树的发育等特性。按照果树的生长结果习性，进行科学管理，是果树丰产、高效的基础。

第一节　根系的特性

根系是核桃树赖以生存的基础，是果树的重要地下器官。根系的数量、粗度、质量、分布深浅、活动能力强弱，直接影响核桃树地上部的枝条生长、叶片大小、花芽分化、坐果、产量和品质。土壤的改良、松土、施肥、灌水等重要果树管理措施，都是为了给根系生长发育创造良好的条件，以增强根系生长和代谢活动、调节树体上下部平衡、协调生长，从而达到核桃树丰产、优质、高效的生产目的。根系生长正常与否都能从地上部的生长状态上充分表现出来。

一、根系的功能

根是核桃树重要的营养器官，根系发育的好坏对地上部生长结果有重要影响。根系有固定、吸收、储藏营养、合成、输导、繁殖6大功能。

1. 固定

根系深入地下，既有水平分布又有垂直分布，具有固定树体、抗倒伏的作用。

2. 吸收

根系能吸收土壤中的水分和许多矿物质元素。

3. 储藏营养

根系具有储藏营养的功能，果树第二年春季萌芽、展叶、开花、坐果、新梢生长等所需要的营养物质，都是由上一年秋季落叶前，叶片制造的营养物质，通过树体的韧皮部向下输送到根系内储藏起来，供应树体地上部第二年开始生长时利用的。

4. 合成

根系是合成多种有机化合物的场所，根毛从土壤中吸收到的铵盐、硝酸盐，在根内转化为氨基酸、酰胺等，然后运往地上部，供各个器官（花、果、叶等）正常生长发育的需要。根还能合成某些特殊物质，如激素（细胞分裂素、生长素）和其他生理活性物质，对地上部生长起调节作用。

5. 输导

根系吸收的水分和矿质营养元素需通过输导根的作用，运输到地上部供应各器官的生长和发育需要。

6. 繁殖

有萌蘖更新、形成新的独立植株的能力。

二、根系的结构

核桃树多采用嫁接栽培，核桃栽培品种苗木，其砧木为实生苗，根系则为实生根系。核桃根系通常由主根、侧根和须根组成(图 3-1)。

1. 主根

由种子胚根发育而成。种子萌发时，胚根最先突破种皮，向下生长而形成的根就是主根。

主根的作用是固定支持上部的树干和树冠、增加根系的垂直分布深度、产生侧根，把根系吸收的水分、养分运输到地上部等。

核桃的主根在不加处理的情况下，生长过于旺盛，影响侧根和须根的形成与生长，尤其是在幼树期，核桃主根上的侧根和须根较少。因此，为了提高苗木栽植的成活率，育苗时常常采取断根措

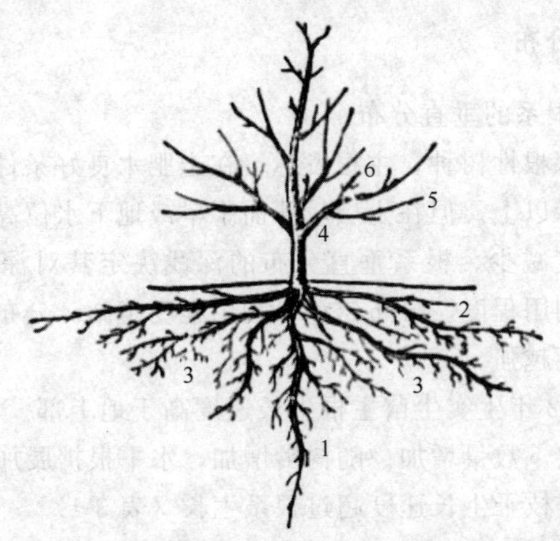

图 3-1 核桃树树体结构图

1—主根；2—侧根；3—须根；4—主枝；5—侧枝（副主枝）；6—枝组

施，促进侧根和须根的形成。

2. 侧根

在主根上面着生的各级较粗大的分枝。侧根可增加根系的水平分布范围，与主根共同构成根系的骨架，作用与主根相同。树体在水平范围内对土壤水分和营养的吸收利用程度，取决于侧根的发育程度。

3. 须根

在侧根上形成的较细（一般直径小于 2.5 毫米）的根系。须根是根系的最活跃的部位。可促进根系向新土层推进，是根系的伸长生长部位，也是根系从土壤中吸收水分和养分的部位。

核桃树的须根有 60％集中分布在 20～80 厘米的土层中。须根的集中分布区是施肥灌水的重点区域。

核桃有菌根，长度为正常吸收根的 1/8，粗度为正常吸收根的 1.3 倍，集中分布在 5～30 厘米的土层中。土壤含水量为 40％～50％时，菌根发育最好。树高、干径、根系和叶片的生长均与菌根的发育呈正相关。

三、根系的分布

1. 核桃根系的垂直分布

核桃为深根性树种，主根发达，在土肥水良好条件下，成年树主根可达 6 米以上。但在土层较薄而干旱或地下水位高的地方，根系分布的深度减少。根系垂直分布的深浅决定其对深层土壤中养分、水分的利用程度。分布越深，利用程度越高。分布越深对地上部的支撑性能越强。

核桃 1～2 年生实生苗主根生长速度高于地上部。3 年生以后，侧根生长加快，数量增加。随树龄增加，水平根扩展加速，营养积累增加，地上枝干生长速度超过根系生长（表 3-1）。

表 3-1　核桃树枝干生长与根系（河北农业大学）

树龄	树高/厘米	垂直根最大深度/厘米	枝干总重量/克	根系总重量/克
一年生	25.9	138	101.2	100.2
二年生	71.8	159	449.1	498.7
九年生	409.0	320	25969.6	10634.0

成年核桃树根系的垂直分布主要集中在 20～80 厘米的土层中。为了促进核桃根系的加深分布，在栽植前一定要进行充分的整地改良，加深活土层到 1 米以上，为核桃根系的加深生长创造有利的条件。在施肥灌水时，一定要达到核桃须根的主要分布区。施有机肥时，一定要使其达到 60 厘米。

核桃根系的分布状况常因土壤条件不同而有所变化，在黄土、褐土中根深树壮，而在棕壤、棕壤下为石块或黏壤土中根浅树弱。栽植应选壤土并且土层深厚的地方或深翻土层，有利于根系的加深生长。

2. 核桃根系的水平分布特征与栽培

核桃侧根水平延伸较远而且须根多。侧根水平延伸可达 14 米。根冠比（根幅直径/冠幅直径）通常为 2 左右。须根的主要水平分布区在树冠外沿的垂直投影以内 1～1.5 米，树冠外沿下最多。因

此，施肥时应重点在此部位。每年施有机肥时沿树冠外沿向内开沟，采用环状沟施，只施外围，逐年外移；采用放射状沟施时，也是内浅外深，内少外多；穴储肥水时也是在树冠外沿下开穴。

四、核桃根系的生长动态

1. 一生中生长动态

核桃根系在播种后1～2年内，垂直根生长很快，水平根和地上部生长缓慢；3年以后根系的水平生长加快，地上部分生长也随之加快，至树冠最大时，根系也相应分布最广。

核桃根系的生长与品种类群密切相关。早实核桃比晚实核桃根系发达。据观察，2年生早实核桃比晚实核桃根系总数多1.9倍，根系总长度多1.8倍，细根差别更大，是早实核桃的重要特性。发达的根系有利于对养分和水分的吸收，有利于树体内营养物质的积累和花芽的形成，实现早结实、早丰产。

当外围枝叶开始枯衰、树冠缩小时，根系生长也减弱，且水平根先衰老，最后垂直根衰老死亡。要注意根系的适当更新复壮。

2. 年生长动态

核桃根系的生长与其他果树一样，没有自然休眠，只要温度和水分等条件适宜，周年均可生长。核桃根系生长的起始温度为8～10℃，适宜温度为18～23℃，最高温度为28～30℃。在温度、水分满足需要的情况下，核桃根系生长的快慢受营养条件的制约。

(1) 根系的生长高峰期　根系一般有2～3个高峰期。

① 萌芽开花前。

② 新梢停长后到果实迅速膨大前。

③ 采果后。

(2) 核桃根系的生长与施肥

① 核桃根系的生长与施肥时期　核桃根系旺盛生长期形成的根毛及吸收根最多，吸收能力最强，肥料的吸收效率最高。土壤改良和有机肥施用应选在核桃根系生长的高峰期，最好在核桃采收后立即进行。

② 施肥对根系生长的影响　核桃根系生长有趋肥性，在同一地块或同一植株上，肥沃土壤中根量大，生长好；瘠薄土壤根量少，生长差；核桃根系会自动追踪肥料生长。施肥会诱导根系分布。施肥时应注意把肥料施在适宜根系生长的土层中。有机肥施用过浅（0～20 厘米）会造成根系上翻，分布浅，浅层土壤环境条件不稳定，冬天会冻结，夏天温度可超过 30℃，干旱时浅层最旱，最不适根系生长。

（3）根系的生长与其他管理　春季发芽前，根系处于恢复生长阶段，应注意松土覆膜，以提高地温，促进根系生长与吸收。新栽幼树，一定要覆膜。成龄树于萌芽前应晚浇第一水或提早到土壤刚解冻时灌第一水。高温干旱季节，灌水外也应地面覆草，降低地温。秋季除施肥也要注意灌水，促进根系吸收营养，增加树体储藏营养。在幼树期，为尽快扩大树冠，应深耕、扩穴、增施有机肥等，促成强大根系。

五、影响根系生长的因子

1. 地上部有机养分的供应

根系的生长与养分、水分的吸收运输与合成所需能量物质都依赖于地上部有机营养供应。结果过多、早期落叶、叶片损伤等都引起有机营养供应不足，抑制根系生长。

2. 温度

温度过高过低都会影响核桃根系的正常生长，一般其生长的最适温度低于枝条生长的最适温度。

3. 土壤水分

核桃根系在田间最大持水量的 55％～90％范围内可正常生长，最适为田间最大持水量的 60％～80％。土壤水分过低，吸收根迅速老化、大量死亡。但轻微干旱可改善土壤通气状况，拟制地上部生长，使较多有机营养运到根部，对根系生长发育有利。土壤水分过多，通气不良，有害气体积累可使根系中毒。

4. 土壤类型

土壤中细小孔隙为毛细管孔隙，能储存和运送土壤水分，核桃根系的比例以30%～35%为宜；粗大的孔隙是土壤空气流通的空间，比例以10%以上为宜。肥沃土壤有机质多，孔隙大，比例适宜。壤土和砂壤土是最好的肥沃土壤，而黏重土壤通气不良，砂土毛管孔隙太少，都应改良后才适于核桃根系生长。

第二节　芽、叶、枝的特性

果树的芽是叶、枝或花的原始体，是枝或花在形成过程中的临时性器官。

一、芽

1. 芽的类型

根据核桃芽的性质和特点，可分为混合花芽、叶芽、雄花芽和潜伏芽四种。

（1）混合花芽　也叫雌花芽。一般为单芽，也有双芽。芽体肥大，圆形，鳞片紧包。萌发后抽生结果枝，其顶端开花结果。混合花芽多着生于结果母枝的上部1～3节。混合花芽多着生于壮枝上，弱枝的顶端不能形成混合花芽。

（2）叶芽　萌发后只抽枝不开花，是树体生长的基础。着生在生长枝的顶端及叶腋间，或结果母枝的混合芽以下，单生或与雄花芽叠生，呈宽三角形，有棱。核桃的腋芽一般为晚熟性芽，不受特殊刺激，一般形成但当年不萌发；当遇有剪截、摘叶等刺激后，当年也可萌发抽枝。

（3）雄花芽　多着生在1年生枝条的中部或中下部，单生或上下叠生，呈圆锥状，似桑葚，鳞片极小，不能被覆芽体，所以也叫裸芽。萌发后只形成雄花序，没有枝和叶。雄花芽的发育开放消耗大量营养，可提早适当疏除雄花序，节省营养。

（4）潜伏芽　也叫休眠芽，属于叶芽的一种，多着生在枝条的中下部和基部，扁圆瘦小。在正常情况下不萌发。当受到外界刺激后才萌发，有利枝干的更新和复壮。

2. 芽的特性

(1) 芽的异质性大　芽的异质性是在同一枝梢上不同部位的芽，由于发育过程的内外条件不同而形成的芽在质量上的差异。春梢上部和秋梢中上部的芽体饱满，有的分化成混合花芽，萌发后可以开花结果，有的可抽生壮枝；而春梢下部和春秋梢交界的盲节上部的芽体比较瘦弱，有的萌发后抽生弱枝，有的甚至不萌发而成为潜伏芽，这种部位不同、冬芽质量不同的现象称为异质性。

核桃的异质性大。整形修剪时要充分利用核桃冬芽的异质性，需要扩大树冠时，在1年生枝条的中上部剪截，促发壮枝；需要结果时尽量不短截；需要培养结果枝组时，在下部弱芽处剪截。

(2) 萌芽力高　萌芽力是1年生枝上的叶芽萌发成枝梢的能力。核桃的萌芽率高，多数核桃品种1年生枝条上的冬芽，在翌春萌芽率比较高，可达70%以上。

(3) 成枝力低　成枝力是1年生枝上的叶芽萌发长成长枝（30厘米）的能力。核桃冬芽萌发后抽生成长枝的能力不高，一般每个壮枝上可抽生2～3个长枝。扩大树冠时，为防止内膛空虚，应对壮的延长枝进行中短截或重短截。

(4) 芽的潜伏力强　芽的潜伏力是潜伏芽能再次萌发成枝的能力，以年龄寿命来作标准。核桃潜伏芽的寿命长达十几年甚至几十年，核桃整树的寿命也就长。

二、枝

枝条是形成树冠、开花结果的基础。

1. 枝的类型

(1) 按生长年龄　1年生枝、2年生枝、多年生枝。

(2) 性质

① 结果枝：着生花芽，萌发后开花结果的枝。

② 营养枝：只着生叶芽，只长叶不开花的枝。

(3) 连续抽梢的次数

① 一次枝：1 年只抽生 1 次。

② 二次枝：着生在一次枝上的分枝。

③ 三次枝：着生在二次枝上的分枝。

（4）枝的长短

① 叶丛枝：1～3 厘米。

② 短果枝：3～5 厘米。

③ 中果枝：5～15 厘米。

④ 长果枝：15～30 厘米。

⑤ 发育枝：30 厘米以上。

2. 枝的生长特性

枝的生长分加长生长和加粗生长两种方式。影响枝生长的因素有品种、砧木、有机养分、内源激素、环境。

（1）顶端优势　活跃的顶端分生组织抑制侧芽萌发或生长的现象。

（2）垂直优势　直立枝生长旺，水平枝生长弱。

（3）树冠的层性　主枝在树干上分层排列的自然现象。是芽的异质性造成的，与整形有关。

3. 枝条

核桃的（1 年生）枝条分为营养枝、结果枝和雄花枝。

（1）营养枝　也叫生长枝，根据枝条生长势又可分为发育枝和徒长枝两种。发育枝是由上年叶芽发育而成的健壮营养枝，顶芽为叶芽，萌发后只抽枝不结果，是扩大树冠增加营养面积和形成结果枝的基础。徒长枝多由树冠内膛的休眠芽（或潜伏芽）萌发而成。徒长枝角度小而直立，一般节间长，枝条长可达 1～2 米，不充实。数量过多，会大量消耗养分，生产中要加以控制或促其形成结果枝组，老树可用以更新复壮。

（2）结果枝　着生混合芽的枝条称为结果母枝，由混合芽萌发出具有雌花并结果的枝条称为结果枝。健壮的结果枝顶端可再抽生短枝，多数当年亦可形成混合芽。早实核桃还可当年形成当年萌发，当年开花结果，称为二次花和二次枝果。结果枝上着生混合芽、叶芽（营养芽）、休眠芽和雄花芽，但有时缺少叶芽或雄花芽。

结果枝按长度和结果情况可分为如下几种。

① 长结果枝：大于20厘米，能连续结果。

② 中结果枝：10～20厘米，结果能力次于长结果枝。

③ 短结果枝：小于10厘米，短结果枝结果能力差。

（3）雄花枝　是指除顶端着生叶芽外，其他各节均着生雄花芽而较为细弱短小的枝条。雄花枝顶芽不易分化混合芽。雄花枝量多是树势衰弱和品种不良的表现，消耗营养也多，修剪时多数疏除。

核桃枝条的生长受年龄、营养状况、着生部位及立地条件等因素的影响。一般幼树和壮枝1年中有2次生长，形成春梢和秋梢。春季在萌芽和展叶的同时抽生新枝，随着气温的升高，枝条的生长加快，于5月上旬（华北地区）达旺盛生长期，6月上旬第一次生长停止，短枝和弱枝1次生长后即形成顶芽。健壮发育枝和结果枝可出现第二次生长，而旺枝夏季不停止生长或生长缓慢，春秋梢交界处不明显。2次生长现象一般随年龄的增长而减弱。

核桃枝条的萌芽力和成枝力因品种（类型）而异，一般早实核桃40%以上的侧芽都能发出新梢，而晚实核桃只有20%左右。

三、叶

1. 叶的数量

核桃叶片为奇数羽状复叶，复叶的数量与树龄大小、枝条类型有关。

1年生幼苗有复叶16～22个，1年生枝着生的复叶数有所减少，初果期前，营养枝上复叶8～15个，结果枝上复叶5～12个。盛果期后，由于结果枝的大量增加，结果枝上的复叶数一般为5～6个，内膛弱枝只有2～3个，而徒长枝和背下枝可多达18个以上。

复叶多少对枝条和果实的发育影响很大。一般着双果的结果枝需复叶5～6个，才能维持枝条和果实的正常生长发育。低于4个的，尤其是只有1～2个复叶的果枝难以形成混合芽，且果实发育不良。

2. 叶面积指数与叶幕

（1）叶面积指数　核桃属喜光树种，生产上须注意使树体内的叶片基本处于核桃的光补偿点以上，尽量减少无效叶片。为保持叶片良好的光合性能，必须使全部叶片得到相对光强 30%以上的光照条件。叶面积指数应当保持在 3～4.5 之间，严防树冠郁闭。

（2）叶幕　叶片在树冠内的集中分布区称为叶幕。核桃树叶幕层的厚度一般不能超过 60 厘米，过厚则影响内膛的光照强度。在整形修剪时，要注意调节核桃树冠叶幕层的分布。尤其在密植园内，更要控制叶幕层厚度，不能超标。

第三节　花芽分化

一、花芽分化概念

叶芽的生理和组织状态转化为花芽的生理和组织状态称为花芽分化。

雄花分化于 4 月下旬至 5 月上旬在叶腋间形成。6 月上中旬形成小花苞和花被原始体。可在叶腋间明显看到表面呈鳞片状的雄花芽；6 月中旬至翌年 3 月为休眠期，翌年 4 月份迅速发育完成，并开花散粉。雄花芽的分化时间较长，一般从开始分化至雄花开放约需 12 个月。

二、花芽分化时期

核桃混合花芽的分化，包括生理分化期和形态分化期。

1. 生理分化期

为 5 月下旬至 7 月下旬，是花芽分化的关键时期，此时花芽对外界刺激反应敏感。可根据树势进行合理的施肥浇水及采取修剪措施等，促进花芽分化。

2. 形态分化期

形态分化是在生理分化的基础上进行的整个分化过程，约 10

个月才能完成。雌花开始分化期为 6 月上旬～8 月上旬，经历一个冬季，直到第二年开花，才能完成各个花器官的分化。形态分化期需要大量的营养物质，尤其是光合产物和矿质营养，应及时采取调控措施。

在混合花芽的生理分化期后，要适当控制枝条的伸长生长。

第四节 开花与结果

一、开花

晚实核桃实生树通常需要 8～9 年才能形成混合芽，栽培条件较好时，5～6 年即可开花结果，但雄花芽则晚于雌花 1～2 年出现。而早实核桃只需 2～3 年，有时播种出苗第一年即可开花结果，一般高接后 2～3 年即可出现雌花和雄花，开始结果较早。根据花的性质可分为雌花和雄花两种，它们分别着生于同树但不同芽内，故称雌雄同株异花。但早实核桃中偶有雌雄同花序或同花者。

1. 雄花

着生于 2 年生枝条中下部的雄花序上。花序平均长 8～12 厘米，个别有 20～35 厘米的长序。每雄花序有雄花 100～180 朵，每雄花有雄蕊 12～35 枚，花药黄色，每个药室约有花粉 900 粒。

雌花与雄花的比例为 1∶(7～8)。

春季雄花芽开始膨大伸长，由褐变绿，从基部向顶部逐渐膨大。经 6～8 天花序开始伸长，基部小花开始分离，萼片开裂并能看到绿色花药，为初花期。6 天后花序伸长生长停止，花药由绿变黄，为盛花期。1～2 天后雄花开始散粉，为散粉期。散粉结束，花序变黑而干枯，称为散粉末期。

散粉期遇低温、阴雨、大风天气，对自然授粉极为不利，宜进行人工辅助授粉，以增加坐果和产量。

2. 雌花

单生或 2～4 朵簇生，有时呈多花穗状着生（雌花 10～30 朵）。

着生在结果枝顶端，雌花长约1厘米，宽0.5厘米左右，柱头二裂，成熟时反卷，常有黏液分泌物，子房1室。

春季混合芽萌发后，结果枝伸长生长，在其顶端出现带有羽状柱头和子房的幼小雌花，5～8天后子房逐渐膨大，柱头开始向两侧张开，为初花期。4～5天后，柱头向两侧呈倒八字形开张，并分泌出较多、具有光泽的黏状物，为盛花期。4～5天以后，柱头分泌物开始干涸，柱头反卷，为末花期。

有些早实核桃品种有二次开花现象。

3. 雌雄异熟

核桃为雌雄同株异花植物，在同一株树上雌花开花与雄花散粉时间常不能相遇，称为雌雄异熟。有三种表现类型，一是雌花先于雄花开放，称为雌先型；二是雄花先于雌花开放，称为雄先型；三是雌雄同时开放，称为同熟型。一般雌先型和雄先型较为常见，自然界中，两种开花类型的比例约各占50%，但在现有优良品种中雄先型居多。

二、坐果

核桃雌花的柱头不分泌花蜜，无蜜蜂或其他昆虫来访，只能靠风传粉，核属风媒花。

核桃花粉落到雌花柱头上约4小时后，花粉粒萌发并长出花粉管进入柱头，16小时后可进入子房内，36小时达到胚囊，36小时左右完成双受精过程。

核桃坐果率一般为40%～80%，自花授粉坐果率较低，异花授粉坐果率较高。核桃存在孤雌生殖现象，孤雌生殖能力和百分率因品种和年份不同而有所差别。若授粉受精不良、花期低温、树体营养积累不足及病虫害等可导致核桃落花落果。

三、落花落果

在核桃果实快速生长期中，落果现象比较普遍，多数品种落花较轻，落果较重，主要集中在柱头干枯后30～40天，即生理落果。

在同样条件下，早实核桃落果率高于晚实核桃，但早实核桃品种间落果情况也有差异，高者达80%，少者10%左右。

核桃落果原因主要是授粉受精不良、花期低温、树体营养积累不足及病虫害等。

第五节　果实发育及成熟

核桃果实是指带有不能食用绿色果皮的膨大子房。因为没有明显的花瓣，雌花朵和幼果不易严格区分。从雌花柱头枯萎到总苞变黄并开裂这一整个发育过程，称为果实发育期。核桃果实发育时期可分为以下几个时期。

一、果实速长期

果实的体积、重量迅速增加，体积达到成熟时的90%、重量达70%以上。

二、果壳硬化期（硬核期）

核壳自顶端向基部逐渐硬化，种核内隔膜和褶壁的弹性及硬度逐渐增加，壳面呈现刻纹，硬度加大，果实大小基本定型。北方约在6月下旬，绿皮内果核从基部向顶部变硬，种仁从糨糊状变为嫩仁，果实大小基本定型。

三、种仁充实期

果实大小定型后，重量仍有增加，核仁不断充实饱满。从硬核期到果实成熟，果实略有增长，到8月上旬停止增长，果实已达到品种应有大小，果实内淀粉、糖、脂肪等有机物成分不断变化，脂肪主要是在果实发育后期形成和积累的。

四、果实成熟期

青皮由深绿色、绿色逐渐变为黄绿色或浅黄色，容易剥离，到

果实的青皮顶端出现裂缝，直到出现开裂，青皮与坚果分离。

第六节 核桃树的生长期

依据核桃一生中树体生长发育特征呈现的显著变化，果树生长期大致可分为幼龄期、初果期、盛果期和衰老期。

一、幼龄期

1. 时期

从苗木定植到第一次开花结果之前，为幼龄期。这一时期的长短，因核桃品种或类型的不同差异甚大。一般早实核桃只有1～3年，晚实实生核桃7～10年，铁核桃实生树10～15年，后两者的嫁接苗也需5～8年。

2. 基本特征

树体离心生长旺盛，枝姿直立，1年中有2～3次生长，有时因停止生长较晚，越冬时易抽条。早实核桃幼龄期树高为0.5～1.0米，生长旺盛的发育枝只有1～2个，但中、短枝形成较早。晚实核桃幼龄期树高为3.0米左右，新梢可达100条以上，其中短枝比例较少。晚实核桃嫁接苗比实生苗树冠较小，分枝较多。

3. 管理要点

加强营养生长，注意整形使其尽快形成牢固而均衡的骨架，扩大树冠；还要对非骨干枝条控制或缓放，促使提早开花结实。

二、初果期

1. 时期

核桃从第一次开花结果到大量结果以前，称为初果期。

2. 基本特征

树体生长旺盛，枝条大量增加，随着结实量的增多，分枝角度逐渐开张，直至离心生长渐缓，树体基本稳定。

早实核桃2～4年，晚实核桃7～20年，铁核桃12～24年，或更晚一些。晚实核桃母枝平均分枝 2 个，早实核桃母枝平均分枝 1～3 个。结果量每年递增 0.5～2.0 倍。此时晚实核桃的树冠直径可达 5～6 米，早实核桃仅为 3～4 米。早实核桃品种株产 5～8 千克，晚实核桃品种产量 5～10 千克。早实核桃在这一阶段抽生二次枝的能力较强，特别是开始结果的 2～3 年内表现最为显著。

3. 管理要点

加强综合管理，促进树体成形和增加果实产量。

三、盛果期

1. 时期

盛果期是指从核桃进入结果盛期到开始衰老之前。这一时期延续时间的长短，与立地条件和栽培管理水平关系极大。通常情况下为 50～100 年，晚实核桃较长，早实核桃较短。

2. 基本特征

该时期的树体主要特征是树冠和根系伸展都达最大限度，并开始呈现内膛枝干枯、结果部位外移和明显的局部交替结果等现象。早实核桃 8～12 年生，晚实核桃 15～20 年生，铁核桃（栽培型）约 25 年生时开始进入盛果期。该时期的营养生长和生殖生长较稳定。核桃结果枝盛果期着生雌花多少、产量高低因品种而异。结果盛期核桃的结果范围多集中在树冠外围，据对 60 年生大树的调查，树冠外围果约占 70%，中部约占 26%，内膛约占 4%。

3. 管理要点

应注意保持树体健壮，防止结果部位过分外移，及时培养与更新结果枝组，维持高而稳定的产量，延长盛果期年限。

四、衰老期

1. 时期

这一阶段是从植株开始进入衰老到全部死亡为止。本期开始的早晚与立地和栽培条件有关，晚实核桃和铁核桃从 80～100 年开始，早实核桃进入衰老更新期较早。

2. 基本特征

果实产量明显下降，骨干枝开始枯死，后部发生更新枝，表示进入衰老更新期。初期表现为主枝末端和侧枝开始枯死，树冠体积缩小，内膛发生较多的徒长枝，出现向心生长，产量递减；后期则骨干枝发生大量更新枝，经过多次更新后，树势显著衰弱，产量也急剧下降，乃至失去经济栽培意义。

3. 管理要点

有计划更新骨干枝，形成新树冠，恢复树势，保持一定产量并延长经济寿命。

第七节 对环境条件的要求

一、土壤

核桃为深根性树种，对土壤的适应性较强，不论在丘陵、山地还是平原都能生长。核桃适于土质疏松和排水良好的砂壤土和壤土上生长，黏重板结的土壤或过于瘠薄的砂地不利于核桃的生长发育。核桃适宜生长的 pH 值为 6.2～8.2，最适 pH 值范围为 6.5～7.5，即在中性或微酸性土壤上生长最好。核桃为喜钙植物，在石灰性土壤上生长结果良好。土壤含盐量过高会影响核桃的生长发育，核桃能够忍耐的土壤含盐量在 0.25%以下，超过 0.25%就会影响生长发育和产量。

二、温度

核桃属喜温树种，适宜生长的范围，年平均温度 9～16℃、极端最低温度－32～－25℃、极端最高温度 38℃以下、无霜期 150～240 天的地区。核桃幼树在－20℃条件下会出现冻害，成年树虽能忍耐－30℃的低温，但在温度低于－26℃时，枝条、雄花芽及叶芽均易受冻害。展叶后，如温度降到－4～－2℃，新梢将被冻坏。花期或幼果期，气温降低到－2～－1℃时就会受冻减产。夏季温度超过38℃，易出现日灼、核仁发育不良，形成空苞。

铁核桃只适应亚热带气候，耐湿热，不耐干冷。

三、湿度

我国一般年降水600～800毫米且分布均匀的地区基本可满足核桃生长发育的需要。核桃不同种群和品种对水分的适应能力有很大差异，铁核桃分布区年降水量为800～1200毫米，新疆早实核桃则适应于新疆干燥气候，若将新疆早实核桃引种到降水量600毫米以上地区易发生病害。

土壤含水量为田间最大持水量的60%～80%时较适合于核桃的生长发育。当土壤含水量低于田间最大持水量60%时（或土壤绝对含水量低于8%～12%），核桃的生长发育受影响，造成落花落果，叶片枯萎，需要适时灌水。土壤水分过多或长时间积水，会使根系呼吸受阻，严重时可使根系窒息、腐烂，影响地上部生长发育，甚至死亡。

平地建园应解决排水问题，地下水位应在2米以下。结果树遇秋雨频繁，会引起青皮早裂，导致坚果变黑，降低坚果的营养和商品价值。

四、光照

核桃属喜光树种，适于阳坡或平地栽植，进入盛果期后更需充足光照。普通核桃光合作用最适的光照强度高达6万勒克斯。光照对核桃生长发育、花芽分化及开花结实均具有重要的影响。结果期核桃一般要求全年日照不少于2000小时，若低于1000小时，则坚果核壳和核仁发育不良。在雌花开花期，光照条件好，坐果率明显提高；阴雨低温天气，易造成大量落花落果。

五、海拔高度

核桃适应性较强。北方地区核桃多分布在海拔1000米以下。秦岭以南多生长在海拔500～2500米。云贵高原多生长在海拔

1500～2500米，其中云南漾濞地区海拔1800～2000米，为铁核桃适宜生长区，在该地区海拔低于1400米则生长不正常，病虫害严重。辽宁西南部适宜生长在海拔500米以下地区，高于500米气候寒冷，生长期短，核桃不能正常生长结果。

六、地形和地势

核桃适宜生长在背风向阳、土层深厚、水分状况良好的地块。阳坡核桃树的生长量和产量明显高于阴坡和半阳坡树。核桃适宜生长在10°以下的缓坡地带，坡度在10°～25°需要修筑相应的水土保持工程，坡度在25°以上则不能栽植核桃。

第四章 育苗技术

第一节 实生苗的培育

一、种子的采集与储藏

1. 采集

(1) 采种母树要求　应选生长健壮、无病虫害、种仁饱满的壮龄树为采种母树。

(2) 采种时期　应在坚果充分成熟后，全树核桃青皮开裂率达到30%以上时进行采收。此时种子含水量少、发育充实，最易储藏。若采收过早，胚发育不完全、储藏养分不足、晾干后种仁干瘪、发芽率低。

为确保种子质量，种用核桃要适当晚采。华北地区一般在白露后采收核桃较为适宜。

(3) 采种方法　可随坚果自然落地，定期捡拾或当树上果实青皮有1/3以上开裂时打落。

(4) 处理

① 种用核桃不用漂洗，可直接将脱青皮的坚果捡出晾晒。

② 种子要薄层晾晒在透风干燥处，不宜放在水泥地面、石板或铁板上受阳光暴晒，以免影响种子生命力。

(5) 播种　核桃种子无后熟期。

① 秋播：在采收1个月后即可播种，有的带青皮播种。

② 春播：种子储藏时间较长。储藏时应注意保持低温（5℃左右）、低湿和适当透气，以保证种子经储藏后仍有生命力。

2. 储藏

(1) 室内干藏法　将秋采的干燥种子装入袋或缸等容器内，放在经过消毒的低温、干燥、通风的室内或地窖内。

(2) 室外湿沙储藏法

① 选择地势平坦高燥、背风向阳、排水良好的地方挖沟储藏。沟深1米、宽1.2米，长度据核桃种子数量而定。

② 储藏前，种子应先进行水选，将漂浮于水上、种仁不饱满的种子捡出，将浸泡2～3天的饱满种子取出进行沙藏。

③ 沙藏方法

a. 在沟底铺10～15厘米厚的湿沙，沙的湿度为手握成团而不滴水、一触即散，此时含水量约为30%。沙子要用0.5%多菌灵进行消毒处理。

b. 在沟底铺一层核桃种子，用湿沙填满孔隙、整平，依次分层铺放，也可将种子与3～5倍的湿沙混合后填入沟内，直到距沟口20厘米时，用湿沙覆盖至与沟口平齐，再覆土30～40厘米，呈屋脊形，四周挖排水沟。

c. 为保证储藏坑内空气流通，每隔1米由沟底至沟顶竖一个草把通气。

3. 生活力的测定

(1) 目测法　直接观察核桃种胚和子叶的形态。凡种仁饱满、种胚和子叶发育良好、呈乳白色，为有生活力的种子。若种胚或子叶为黄褐色则为无生活力的种子。

(2) 发芽试验　取一定数量的核桃种子，放在适量的容器中用水浸泡7～10天，每天换1次水，然后将充分吸水的核桃种子放入盛有沙土的瓷盘或其他器皿中，沙土的含水量要求手捏成团，手指缝中有少量水渗出，置于20～25℃条件下促其发芽，15～20天后计算发芽率，判断种子生活力。

二、苗圃地选择与整地

1. 苗圃地选择

(1) 位置　应选择在地势平坦、土壤肥沃、土质疏松、背风向阳、排水良好、有排灌条件且交通方便的地方。

（2）土壤条件　土壤质地以黏质壤土、壤土或砂质壤土为宜，土壤 pH 值为 6.0～7.5。不宜在重黏土、砂土或盐碱地上育苗。

（3）不能选择重茬地、荒地以及地下水位在 1 米以上的地方作苗圃地。

2. 整地

（1）深耕　核桃幼苗根系很深，深耕对幼苗根系的生长有利。

（2）翻耕深度　秋耕宜深（20～30 厘米），春耕宜浅（15～20 厘米）。

（3）北方宜在秋季深耕结合施肥、灌冻水。

（4）春播前把地整平待播种。

三、播种前处理

核桃播种前先对核桃种子进行水选，将核桃种子放入盛水的大缸内，去除漂浮的劣质种子，再根据不同播种时期进行不同的处理。

核桃分为秋季播种和春季播种。

（1）秋季播种的前处理　由于核桃种子在播种后可在土壤中自然完成层积过程，秋播种子不需要任何处理，可直接播种。最好先将核桃种子用水浸泡 24 小时，使种子充分吸水后再播种。

（2）春季播种的前处理　春播时，种子必须经过处理，才能发芽。处理方法有沙藏、冷水浸种、冷浸日晒、温水浸种等。

① 沙藏（层积处理）　在 11 月进行，方法与室外湿沙储存法相同。

② 冷水浸种　用冷水浸 6～7 天，每天换 1 次水或将盛有核桃种子的麻袋放在流水中，使其吸水膨胀裂口，即可播种。

③ 冷浸日晒　将冷水浸泡 1 周的种子置于太阳下暴晒，当大多数的种子裂口时，即可播种。

④ 温水浸种　将种子放在 80℃温水缸中，立即搅拌，使其自然降温后，继续浸泡，需每天换水，至种子膨大裂口，即可播种。

此法还可同时杀死种子表面的病原菌。

四、播种

1. 播种时期

(1) 秋播　宜在土壤结冻前（10月中下旬到11月）进行。秋播操作简便，出苗整齐，所用的核桃种子无需处理即可直接播种。但秋播过早，会因气温较高，种子在潮湿的土壤中易发芽或霉烂；秋播太晚，又会因土壤结冻，操作困难，特别是冬季严寒和鸟兽为害严重的地区不宜秋播。

(2) 春播　需要对种子进行一定的处理，促其发芽后再进行播种。华北地区春播常在3月中下旬至4月上中旬，土壤解冻后尽量早播。春播前3～4天，圃地要先浇1次透水。

2. 播种方法

(1) 在苗圃地育苗时以条沟点播为主，播种时先做好1米宽的苗床，每床播2行，采用宽窄行，便于嫁接时操作，宽行40厘米，窄行20厘米。

(2) 播种前，先浇1次透水，待土壤湿度适宜时播种，株距10厘米。

(3) 核桃属于大粒种子，商品价值高，为节省种子，多采用点播。播种时种子的放置方法是种子缝合线与地面垂直，种尖向一侧摆放，这样胚根出来后垂直向下生长，胚芽向上萌出，垂直生长，苗木根颈部平滑垂直，生长势强。否则苗木出土晚，生长势弱，更重要的是苗木根颈部弯曲，以致室内嫁接无法采用，即使生长健壮，也被列为等外苗。

(4) 播后埋土深度一般为种子直径的3～5倍，种子上面的覆土厚度一般为5～8厘米。通常秋播较深，春播较浅；缺水干旱的土壤播种较深，湿润的土壤播种较浅；砂土、砂壤土比黏土应深些。春播时，墒情良好的可以维持到发芽出苗，一般不需要浇蒙头水。北方一些春季干旱风大地区，土壤保墒能力较差时，需要浇水。

(5) 播种后及时覆膜以提高地温、保墒，提高出苗率。

3. 播种量

与种子的大小和种子的出苗率有关。一般情况下，每亩需要150～175千克，可产苗6000～8000株。种子总量要根据播种方法、株行距、种子大小及质量计算。最好在播种前先调查出芽率，以便准确计算播种量。

4. 苗期管理

核桃春播后20天左右开始发芽出苗，40天左右出齐。田间管理要点如下。

① 补苗和去地膜。

② 肥水管理。

a. 核桃出苗期一般不需浇水，以免地面板结。但北方地区春季干旱多风、土壤保墒能力较差，可及时灌水，适当浅松土。

b. 苗出齐后，应及时灌水以加快生长，5、6月是苗木生长的关键时期，北方一般要灌水2～3次，结合追肥施速效氮肥2次，每次施硫酸铵10千克/亩左右。7、8月雨量较多，可根据雨情决定灌水与否，并追施磷钾肥2次。雨季较多的地区，要注意排水，以防苗木晚秋徒长或烂根死亡。

③ 中耕除草。

④ 断根。可在夏末对实生苗进行断根处理。育苗时切断主根，可促进侧根发育，提高苗木质量，提高栽植成活率，有利于嫁接苗的顺利起苗。

断根方法是，在行间距离苗木基部20厘米处，用断根铲呈45°斜插地面，将主根切断。断根后，加强肥水管理，促进伤口愈合，侧根发育。

⑤ 防治病虫害。核桃苗木的虫害主要有象鼻虫、刺蛾、金龟子等。应选择适宜时期喷施农药进行防治。

⑥ 越冬防寒。在冬季经常出现－20℃以下低温的地区，需做好苗木防寒。

方法是，将苗木弯倒埋土；用熬制好的聚乙烯醇将苗木主干均

匀涂刷。

聚乙烯醇一般采用聚乙烯醇：水＝1：(15～20）的比例进行熬制。先用锅将水烧至50℃左右，后加入聚乙烯醇，随加随搅拌直至开锅，再用小火熬制20～30分钟后即可，待温后使用。采用此法可防止苗干失水抽条，使苗木安全越冬。

第二节 嫁接苗的培育

一、嫁接苗培育方法

核桃嫁接苗培育主要采取枝接和芽接两种方法。

1. 枝接

核桃枝条结构特殊，有中空的髓心，并有伤流现象，枝接一般不采用劈接，可采用双舌接、插皮接和插皮舌接，多采用插皮舌接，但枝接成活率不像苹果、梨等那样能达到95%以上，技术高的熟练工嫁接成活率也就70%。

2. 芽接

芽接目前主要采用方块形芽接，成活率可以达到95%以上，简便易行。

二、接穗的采集、储运及处理

1. 接穗选择

(1) 采穗母树应为生长健壮、无病虫害的优良品种。

(2) 合格的穗条标准：枝接穗条为长1米左右、粗1～1.5厘米的发育枝，枝条要求生长健壮、发育充实、髓心较小、芽子饱满、无病虫害。

(3) 芽接所用的穗条应是木质化较好的当年发育枝，幼嫩新梢不宜作接穗。

2. 接穗的采集

① 硬枝嫁接所用的接穗，从核桃落叶后到翌春萌芽前均可进

行采集。北方核桃抽条严重或枝条易受冻害的地区，以秋末冬初（11～12月）采集为宜。

② 芽接所用接穗多在夏季随用随采。

3. 保存、储运

采集的接穗应妥善保存，防止储藏过程中接穗水分损失。

（1）硬枝接穗

① 长途运输一定要在气温较低且接穗萌动前进行，并要保湿运输。

② 接穗越冬储藏，可在背阴处挖宽1.5～2米、深80厘米的储藏沟，也可利用土窖、窑洞、冷库等储藏，储藏的最适温度是0～5℃，最高不能超过8℃。

③ 将标明品种的接穗平放在沟内，接穗的堆放厚度不宜太厚。30根和50根的小捆每放一层，中间要加10厘米左右的湿沙或湿土；最上一层接穗上面要覆盖20厘米的湿沙或湿土。为了保持土壤或沙子的湿度，接穗放好后，需要浇1次透水。

④ 冬季采集的硬枝接穗不要剪截，也不要进行蜡封，否则会因水分损失而影响嫁接成活。

（2）芽接接穗　嫁接时气温高，保鲜非常重要，否则会降低嫁接成活率。

① 嫁接处有接穗的，采下接穗后，立即使用，以防失水。

② 嫁接处没有接穗的，要用塑料膜包好，要通风，不可密封，里面放些湿锯末。运到嫁接地时，及时打开塑料膜，放在潮湿背阴处，并经常洒水保湿。有条件的地方最好放在冷库中。

4. 接穗的处理

枝接用接穗，嫁接前要进行剪截与蜡封等处理。

（1）剪截

① 接穗剪截长度：室内嫁接所用接穗一般长13厘米左右，有1～2个饱满芽；室外枝接一般长16厘米左右，有2～3个饱满芽。

② 剪截时顶部第一芽一定要完整、饱满、无病虫害，顶端第一芽距离剪口1.5厘米以上。

③ 核桃枝条的梢段一般不充实，木质疏松、髓心大，剪截时应去掉。

（2）蜡封

① 接穗蜡封时，温度控制在90～100℃，可在蘸蜡容器内加入水，以便控制蜡液温度。

② 将剪成小段的接穗在蜡液中速蘸一下，甩掉表面多余蜡液，再倒过来蘸另一头，使整个接穗表面包被一层薄而透明的蜡膜。

③ 蜡封好的接穗，打捆、标明品种后，放在湿凉环境备用。

④ 蜡封宜在嫁接前15天左右进行，不宜太早。

三、砧木选择

1. 砧木种类

（1）核桃　嫁接成活率高、愈合牢固、喜钙质和深厚土壤的特点，但不耐盐碱。

（2）核桃楸　核桃楸主要分布在我国的东北和华北一带，根系发达，适应性强，耐寒、耐旱和耐瘠薄，但嫁接成活率和成活后的保存率都不如核桃砧。

（3）铁核桃　嫁接铁核桃亲和力良好，耐湿热，但不抗寒。

（4）野核桃　野核桃主要分布在江西、江苏、浙江、湖北、四川、贵州、云南、甘肃和陕西等地，喜温暖，耐湿，嫁接亲和力良好，是适合当地环境条件的砧木。

一般我国北方采用核桃砧木或核桃楸砧木效果较好，南方以野核桃和铁核桃为宜。

2. 砧木选择

（1）枝接砧木应选择1～2年生、干径1.0厘米以上的实生苗；芽接砧木最好在春季进行平茬，嫁接在当年的嫩枝上成活率最高。

（2）用作室外硬枝嫁接的砧木，在土壤湿度不大、伤流不太严重的情况下，可随剪砧随嫁接。如果伤流较多，可在嫁接前2～3天剪砧，以减少嫁接时伤流的发生。

四、嫁接时期

（1）室外枝接：从砧木发芽至展叶期都可进行，此时生长开始加快，砧木、接穗皮易剥离，伤流较少或没有，利于愈伤组织的形成和成活。

（2）夏季芽接：5月上旬～8月，方块芽接最佳时期为5月20日～6月20日，嫩枝双舌接最佳时间为4月20日～6月30日，带木质嵌芽接最佳时间为4月30日～5月15日。

五、嫁接方法

1. 枝接

（1）室内枝接　利用温室和电热温床等人工控制嫁接愈合环境，使砧、穗在适宜的条件下愈合成活。

室内嫁接的砧苗于冬季土壤结冻前挖出，假植于工作室附近，接穗于落叶前采取，并储藏于地窖或埋入湿沙内。

嫁接前10～15天对砧木和接穗进行“催醒”2～3天（26～30℃）。

嫁接时，砧、穗粗度应接近，用舌接法嫁接，绑缚牢固后放在26～30℃湿润介质（锯末）中促生愈伤组织，经10～15天，愈合完好，再置于5℃左右的地方保存，待春季4～5月份栽植到室外，培育成苗木。

此法能有效地避免伤流液对嫁接成活的不良影响，并可人为地创造适宜砧穗结合的有利条件，具有适宜嫁接期长、成活后稳定等优点。

（2）室外枝接　在室外利用坐地苗直接嫁接成苗，须掌握好嫁接时间、技术措施和管理办法，否则，成活率难以保证，且受自然条件影响较大。

（3）常用枝接方法

① 双舌接（图4-1）。室内枝接多采用此法。砧木用1～2年生实生苗，基部粗度1～2厘米，起苗后，于根颈以上10～15厘米平滑顺直处剪断，根系稍加修剪。选用与砧木粗细相当的接穗，剪成

15 厘米左右，带有 2～3 个饱满芽的枝段。砧木上端与接穗下端各削成 5～8 厘米长的大削面，在砧、穗斜面上部 1/3 处分别纵切一刀，深 2～3 厘米，接舌适当薄些，否则接合不平。削好后立即插合，并尽量使形成层对齐。砧、穗粗度不一致时，要求对准一边形成层，最后用塑料绳捆紧绑牢，以免装土时碰歪。嫁接完后，先用高度 25 厘米、直径 10 厘米的纸袋扎紧，然后装入湿度约为 16% 左右的湿土，基本压实，最后用直径 15 厘米、高度 30 厘米的专用聚乙烯薄膜袋，从上往下套住，在纸袋下口扎紧。若为蜡封接穗嫁接法，则在嫁接完成后，直接用塑料条把接口部位包扎严密，并绑紧。4 月中旬将嫁接好的植株定植于大田，浇水后 2～3 天覆盖地膜。

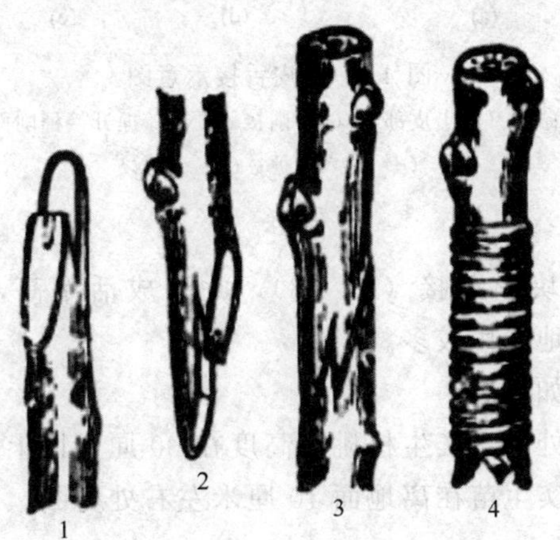

图 4-1 双舌接示意图

1—砧木；2—接穗；3—插合；4—绑缚

② 插皮舌接（图 4-2）。在砧木适当部位锯断（剪断），将断面用刀削平。然后将蜡封好的接穗下端削一大削面（刀口一开始要向下切凹，并超过髓心，然后斜削），长 6～8 厘米。每一接穗保留 2～3 个芽。以手指将削面顶端捏开，使木质与皮层剥离。在砧木切面上选择树干光滑的一面，用刀切一月牙形，并用刀将砧木皮层上的粗皮轻轻削去，露出绿皮，月牙宽度 0.8～1 厘米、长 5～7 厘米，再把接穗的木质部插入砧木的木质部与皮层之间，使接穗的皮

层紧贴在砧木皮层外面的削面上。用加厚地膜由下至上包扎，直至缠到接穗顶部。

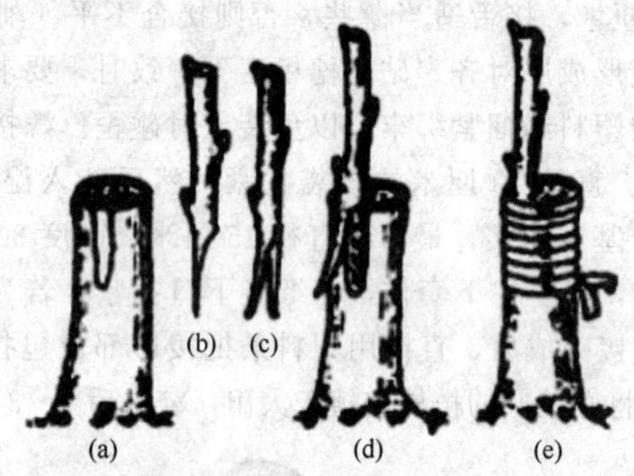

图 4-2 插皮舌接示意图

(a) 削砧木（露出皮部）；(b) 削接穗；(c) 捏开接穗削面皮层；(d) 插入接穗；(e) 绑缚

2. 芽接

主要用方块形芽接（图 4-3），此法成活率高，成活率可达90%以上，各地应用较多。

操作要点如下。

(1) 砧木处理　实生核桃苗高度在30厘米以上的，在苗木萌芽前，一律将实生苗在离地面10厘米左右处剪断，萌芽后每株留

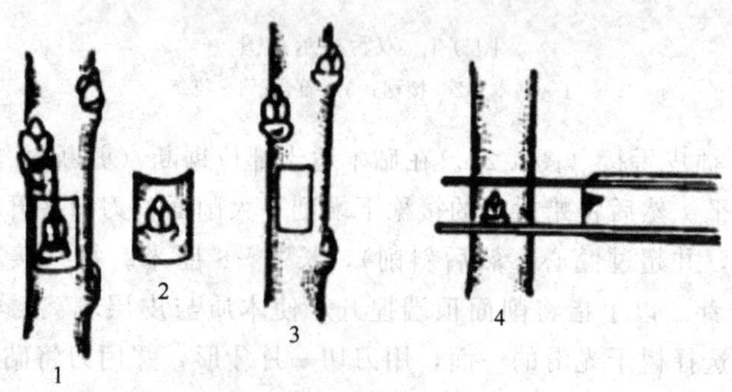

图 4-3 方块形芽接

1—削芽片；2—取下的芽片；3—砧木切口；4—双刀片取芽片

1个壮芽，其余新芽一律抹去。

（2）嫁接时间　嫁接最佳时期为平均气温24～29℃的时期，一般为5月20日～6月20日，温度过高过低都不利于嫁接愈合。

（3）接穗采集　在生长健壮、无病虫害的母株上，选择平直、光滑、芽体饱满、叶柄基部隆起小、直径在1.0～1.5厘米的新梢剪下，去掉叶片，保留1.5～2.0厘米长的叶柄，在保湿条件较好的地方存放备用，最好现采现用。

（4）取接芽　在采好的接穗上选择充实、饱满的芽体，最好选择接穗中部接芽，先用刀平切去掉叶柄，然后在芽体的上、下各横切一刀，间距3～4厘米、刀口长2厘米，在芽体两侧各纵切一刀，成长方形切块。用拇指压住切好的长方块形接芽的一侧，逐渐向偏上方推动，将接芽取下，取下的接芽要带有维管束。

（5）开切口　在砧木当年生的新梢上，离地面15～20厘米处选光滑的部位，先在下面横切一刀，垂直于横切刀口再向上纵切一刀，用取下的芽块作尺子，靠在砧木上的嫁接处，在上端横切一刀，开出与接芽同长的半“工”字形切口。

（6）嫁接与绑缚　撬开砧木皮层，将接芽片嵌入其中，撕掉多余的皮层。动作需迅速，尽量缩短接芽在空气中的暴露时间。然后，用1.5厘米宽的塑料条进行绑缚，使接口密封、接芽贴紧砧木，并将叶柄处包严。

（7）剪砧木　在接芽上部保留2～3片复叶，剪除砧木上部其余枝叶，并将剩余部分叶腋内的新梢和冬芽全部抹掉。

（8）接后管理　接后15～20天，接芽开始萌发，要及时解绑，以利接芽生长。当接芽新梢长到30厘米左右、有4～5片复叶时，将砧木从接芽以上全部剪掉。此后，要及时抹除从砧木上萌发的大量新芽。当接芽新梢长到40～50厘米时，要及时设立支柱，固定接穗，以防风折。

七、嫁接苗管理

从嫁接到完全愈合及萌芽抽枝需要30～40天的时间，为保证其健壮生长，应加强管理。

（1）检查成活和补接　核桃芽接后15～20天即可检查成活。如果接芽新鲜，叶柄一触即落表明已经成活。对于未成活的砧苗，应及时进行补接。硬枝嫁接在接后50～60天检查成活，绿枝嫁接在接后15～30天检查成活。

（2）放风　枝接后20～30天，接穗开始发芽、抽枝展叶，每隔2～3天观察1次，对展叶的可将塑料袋及纸袋的上端打开一小口，让新梢尖端伸出，不要一次性打开。

（3）除萌　嫁接后的核桃砧木容易产生萌蘖，应在萌蘖幼小时及时除去，以免与接穗和接芽争夺养分，影响嫁接成活。核桃硬枝嫁接一般需要除萌2～3次，绿枝嫁接需要除萌1～2次。硬枝嫁接未成活的植株，可选留一生长健壮的萌蘖枝，其余萌蘖全部去除，以促使选留萌蘖旺盛生长，为夏季绿枝嫁接或芽接做好准备，也可留作翌年嫁接时用。

（4）绑支柱　核桃枝条较粗、叶片较重，加上新梢生长较快，很容易造成风折，暴风雨天气尤其严重。在风大地区，在新梢长达30～40厘米时，应及时在苗旁立支柱引绑新梢。

（5）剪砧与解绑　核桃枝接时，在嫁接前要剪断砧木。芽接时如果当年不使接芽萌发，可不剪断砧木。如要求当年萌发，可在接芽以上剪留1～2片复叶，也可在接后5～7天剪留2～3片复叶，当接芽新梢长至20厘米以上时，从接芽上2厘米处剪除砧木多留的枝叶。

枝接2～3个月后，要将接口绑缚材料放松1次，但不能将绑缚材料去掉。芽接当接芽长到5厘米以上时，要及时去掉塑料条，以免绑缚过紧影响新梢生长。

（6）肥水管理和病虫防治　嫁接苗成活之前一般不进行施肥灌水。当嫁接苗长到10厘米以上时，应及时施肥、灌水，前期以氮肥为主，后期少施氮肥，增施磷、钾肥，以免造成后期徒长。也可在8月下旬至9月上旬对苗木进行摘心，促其停长成熟，防止越冬抽条。

及时防治各种病虫害，9月下旬至10月上旬要及时防治浮尘子在枝干上产卵。

(7) 冬季防寒 可采用苗木落叶后涂白或者全树涂聚乙烯醇防止抽条，在上冻前浇封冻水，使苗木安全越冬。或进行培土防寒，即在土壤封冻前，在嫁接苗根际培土防寒，培土厚度应超过接芽6～10厘米。春季解冻后，及时扒开防寒土，以免影响接芽的萌发。对于生长较高的苗木，可将苗木弯倒后再进行培土防寒。

八、苗木出圃与储藏

1. 苗木出圃

(1) 出圃时期 苗木应达到地上部枝条健壮、成熟度好、芽饱满、根系健全、须根多、无病虫等条件才可出圃。

起苗一般在苗木的休眠期，从秋季落叶开始到翌年春季树液开始流动前都可进行。春季起苗宜早，要在苗木开始萌动之前起苗，起苗时间在11月中旬至翌年3月为宜。如在芽开放后再起苗，会大大降低苗木成活率；秋季起苗应在苗木地上部停止生长后进行，此时根系正在生长，起苗后若能及时栽植，翌春能较早开始生长。春天起苗可减少假植程序。

由于我国北方核桃幼苗在圃内具有严重的越冬“抽条”现象，起苗时间多在秋季落叶后到土壤结冻前进行。对较大的苗木或“抽条”较轻的地区，也可在春季土壤解冻后至萌芽前进行起苗，或随起苗随栽植。

(2) 起苗前准备 核桃是深根性树种，主根发达，起苗时根系容易受到损伤，受伤之后愈合能力较差。起苗时根系保存的好坏对栽植成活率影响很大。为减少伤根和起苗容易，在起苗前1周灌1次透水，使苗木吸足水分。

(3) 起苗方法 核桃起苗方法有人工和机械起苗两种。

① 机械起苗 用拖拉机牵引的起苗犁进行。

② 人工起苗 从苗旁20厘米处开沟、深挖，防止断根很多、伤口大，力求多带侧根和细根。注意不要损伤苗木皮层和芽眼。对

于过长的主根和侧根，不便掘起可切断，切忌用手拢苗。掘出的苗木不能及时运走时，必须临时假植。对少量的苗木也可带土起苗，并包扎好泥团，最大限度地减少根系的损伤。要避免在大风或下雨天起苗。

2. 苗木分级、运输和假植

(1) 苗木分级

① 苗木分级的原则　必须品种纯正、砧木类型一致；地上部分枝条充实、芽体饱满、具有一定的高度和粗度；根系发达，须根多、断根少；无检疫对象、无严重病虫害及机械损伤；嫁接口愈合良好。

② 苗木的出圃规格　苗木的出圃规格见表 4-1。

表 4-1　核桃嫁接苗质量等级（GB 7907—1987）

项　目	1 级	2 级
苗高/厘米	＞60	30～60
基径/厘米	＞1.2	1.0～1.2
主根保留长度/厘米	＞20	15～20
侧根条数	＞15	＞15

(2) 运输　根据运输要求及苗木大小，嫁接苗按 20 株或 50 株一捆。不同品种分别打捆，挂上标签，注明品种、苗龄、等级、数量等，然后装入湿蒲包内，喷水。运输过程中，要防止日晒、风吹和冻害，并注意保湿。达到目的地后，立即解绑假植。苗木运输最好在晚秋或早春气温较低时进行。外运的苗木要经过检疫，以防病虫害蔓延。

(3) 苗木假植　出圃后的苗木如不能及时定植或外运，应进行假植。

临时假植一般不超过 10 天，可挖浅沟，只要用湿土埋严根系即可，干燥时及时喷水。

越冬长时间假植方法如下。

① 选择地势平坦高燥、背风向阳、排水良好、交通方便的地

方。沟深 1 米、宽 1.5 米，长度据核桃苗数量而定，沟最好是南北向，假植时在沟的一头先垫一些松土。

② 物品准备。要准备足够的洁净河沙、0.5％的多菌灵、高粱秆、温度计、标签等物品。

③ 沙藏。首先在沟底铺 10～15 厘米厚的湿沙，沙子要用 0.5％多菌灵进行消毒处理。再在沟的北头摆放一排苗木，一棵一棵摆开，不能重叠，苗木成 45°角。苗木放好后填一层湿沙，湿沙数量以埋住嫁接口为宜，接着再摆放苗木，填沙。假植沟内每隔 1 米放一个高粱秆把通气。所有的苗木摆放完后，往沟里填沙子，深度应达苗高的 3/4，土壤结冻前，将苗顶以上加厚到 20～30 厘米。

第五章 建园技术

核桃的生命周期很长，具有喜光、喜温等特性。建园时，应以适地适树和品种区域化为原则，从园地选择、规划设计到苗木定植，都必须严格谨慎，认真对待。

大面积发展建园，要考虑以下问题。

① 果园应具备较好的自然条件，且当地的自然条件与栽植品种及砧木所需的环境条件是否一致或相近。

② 选择优良品种进行规模化生产。

③ 灌水、排水系统是否健全。

④ 早果、丰产的技术保证。

⑤ 机械化作业，可提高劳动效率，降低成本。

⑥ 合理密植，集约化栽培。

第一节 园地选择

一、园地选择考虑的因素

建园前应对当地气候、土壤、雨量、自然灾害和附近核桃树生长发育状况及以往出现的问题等，进行全面的调查研究，为确定建园地点提供依据。考虑以下几个方面。

1. 气候条件

建园地点的气候条件要符合计划发展的核桃品种生长发育对环境条件的要求。

2. 地形

地形应选择背风向阳的山丘缓坡地、平地及排水良好的沟坪地。土壤以保水、透气良好的壤土和砂壤土为宜，土层厚度应在1米以上；pH值，核桃为7.0～7.5，漾濞核桃为5.5～7.0；地下水位应在地表2米以下。

3. 排灌

建园地点要有灌溉水源，排灌系统畅通，特别是早实核桃的密植丰产园应达到旱能灌、涝能排的要求。

4. 环境

无环境污染，尽量避免工业废气、污水及过多灰尘等的不良影响。

5. 其他

前茬树种，在柳树、杨树、槐树生长过的地方栽植核桃，易染根腐病。核桃连作时，对生长亦不利。

二、园地类型及特点

1. 平地

平地是指地势比较平坦，或地表高度差起伏不大、坡度不超过5°的平地或缓坡地。

其特点是气候差异不大、土壤类型基本一致，交通便利、管理方便，便于机械作业，土壤流失少、土层厚、水分足。有利于核桃生长、产量高、寿命长。

缺点是通风、光照、排水不如山地和丘陵地果园。根据平地的成因可分为冲积平原、泛滥平原和滨湖滨海地等。

（1）冲积平原　地面平整，土层肥沃，土层深厚，土壤有机质含量较高，灌溉水源比较充足，交通便利，核桃生长发育良好，产量较高。一般在离山或丘陵较近的地区，地下水位不要过高，要低于1.5米以下，果树才能正常生长。

（2）泛滥平原　是河流泛滥后形成的平原，如黄河故道地区。一般为砂壤土，土层深厚，土壤通气、排水性好，透气性好，但土壤贫瘠、肥力较低、多盐碱化、土壤理化性状不良，易造成植株露根、埋干和偏冠现象，且蒸发量大，土壤极易干旱，保水保肥性差，春季易受旱害。沙荒地风沙为害较重。在沙荒地建立核桃园之前，应注意营造防风固沙林，改良土壤，增施有机肥，提高土壤的保水、保肥能力。

2. 丘陵地

通常将地面起伏不大、相对高差200米以下的地形称为丘陵地。丘陵地没有明显的垂直分布带和小气候带，上下交通也较方便，是核桃建园的理想地带。

由于核桃是深根性树种，根系的主要分布层在30～100厘米的土层中，选择园地时要求土层深度必须在100厘米以上，否则，必须通过改良土壤使其达到1米以上。不能达到的地块不能建核桃园。

建园时要注意水土保持，防止流失，同时要建立灌水系统。且要避开风口地带和低洼积水或夏季不通风的地带建园。

3. 山地

山地空气流通好、日照充足、排水良好，但山地地形复杂，气候多变，土层较薄，肥水条件较差，加上交通不便，因此，在山地建立核桃园前，应做好水土保持和整地改土等工作。

在山地建立核桃园时，应注意海拔高度、坡度、坡向及坡形等地势条件对温、光、水、气的影响。一般坡度越大，土层越薄，肥力与水分条件越差。阳坡光照充足，有利于核桃生长，但春季物候期早，易晚霜为害，易干旱，冬季树干日烧多；阴坡光照差，果实成熟晚，秋季停长晚，冬季易受冻害。山地建园时最好选择阳坡、半阳坡，但在光照充足、没有灌溉条件时，半阴坡和阴坡上的核桃树生长优于阳坡和半阳坡。

山地栽培核桃最好选择坡度5°～20°、土层较厚的坡脚、地堰；山沟中建园应选择有冲积土的谷坊、坝内或两侧。

山地整地主要包括修筑梯田、鱼鳞坑和等高撩壕等形式。山地核桃园的梯田阶面，可根据土层厚度和降雨的多少分别设计为内斜式阶面或外斜式阶面，以调节阶面的水分分布。在坡面较陡或破碎而不便修筑梯田的沟坡上，可以修筑鱼鳞坑。等高撩壕是我国北方农民创造的一种简易水土保持方法，筑撩壕时要沿等高线开沟，将

土放在沟的外沿筑壕，使沟的断面和壕的断面成正反相连的弧形。

果园土壤改良主要包括深翻熟化、增施有机肥和翻压绿肥以及培泥（压土）与掺沙等措施。深翻深度一般为80～100厘米，深翻方式有深翻扩穴、隔行深翻和全园深翻。培土与掺沙具有增厚土层、保护根系、增加养分、防止土壤返碱、改良土壤结构、增强树势和产量等作用。培土量视植株的大小、土源、劳力等条件而定，但一次培土不宜太厚，以免影响根系生长。

第二节 园地规划

园地规划和设计的内容包括土地和道路系统的规划，附属建筑物的规划设计，树种、品种的选择和配置，果树防护林、排灌系统及水土保持的规划和设计。

一、社会调查和园地调查

1. 社会调查

了解果树生产的现状及发展趋势，果品的销售市场，果品的用途、销售渠道，建园单位的总人口、劳动力、资金积累情况、技术力量，当地人民的生活水平，为建立果园提供可靠的依据。

2. 园地调查

大面积建园，须由熟悉当地情况的人员和技术人员成立调查组，详细了解当地气象条件，果树发展的历史，园地的土质、pH值，地形、地貌、水利条件等情况，绘制出平面图及整理成文字材料，为果园设计提供可靠的依据。

二、园地的规划

包括小区设置、排灌系统、道路系统、建筑物、防护林等。

（一）小区设置

1. 小区的划分

为便于作业管理，面积较大的核桃园可划分成若干个小区。小区是组成果园的基本单位，它的划分应遵循以下原则。

① 在同一个小区内，土壤、气候、光照条件基本一致。

② 便于防止果园土壤侵蚀。

③ 便于果园防止风害。

④ 有利于机械化作业和运输。

2. 小区的面积

平地果园可大些，以 30～50 亩为宜，低洼盐碱地以 20～30 亩为宜（排碱沟），丘陵地区以 10～20 亩为宜，山地果园为保持小区内土壤气候条件一致，以5～10 亩为宜。整个小区的面积占全园的85％左右。

3. 小区的形状

小区的形状以长方形为好，便于机械化作业。平原小区长边最好与主害风的方向垂直，丘陵或山地小区的长边应与等高线平行，这样的优点很多，如便于灌溉、运输、防水土流失、气候一致。小区的长边不宜过长，以 70～90 米为好。

（二）排灌系统

1. 灌水系统的规划

果园的灌水系统包括蓄水、输水和灌水网三个方面。

果园建立灌溉系统，要根据地形、水源、土质、蓄水、输水和园内灌溉网进行规划设计，灌溉系统包括水源（蓄水和引水）、输水和配水系统、灌溉渠道。

（1）蓄水引水　平原地区的果园需利用地下水作为灌溉水源时，在地下水位高的地方可筑坑井，地下水位低的地方可设管井。果园附近有水源的地方，可选址修建小型水库或堰塘，以便蓄水灌溉，如有河流时可规划引水灌溉。

（2）输水系统　果园的输水和配水系统包括平渠和支渠。主要作用是将水从引水渠送到灌溉渠口。设计上必须做到以下几点。

① 位置要高，便于大面积灌水。干渠的位置要高于支渠和灌溉渠。

② 要照顾小区的形状，并与道路系统相结合。根据果园划分

小区的布局和方向，结合道路规划，以渠与路平行为好。输水渠道距离尽量要短，以节省材料，并能减少水分的流失。输水渠道最好用混凝土或用石块砌成，在平原沙地，也可在渠道土内衬塑料薄膜，以防止渗漏。

③ 输水渠内的流速要适度，一般干渠的适宜比降在0.1%左右，支渠的比降在0.2%左右。

（3）灌水渠道　灌溉渠道紧接输水渠，将水分配到果园各小区的输水沟中。输水沟可以是明渠，也可以是暗渠。无论平地、山地，灌水渠道与小区的长边一致，输水渠道与短边一致。

山地果园设计灌溉渠道时与平原地果园不同，要结合水土保持系统沿等高线，按照一定的比降构成明沟。明沟在等高撩壕或梯田果园中，可以排灌兼用。

有条件的果园可以将灌溉渠道设计成喷灌或滴灌。

2. 排水渠道的规划

排水系统的作用是防止发生涝灾，促进土壤中养分的分解和根系的吸收等。排水技术有平地排水、山地排水、暗沟排水三种。

（1）平地排水　平地核桃园排水系统由排水沟、排水支沟和排水干沟3部分组成。一般可每隔2～4行树挖一条排水沟，沟深50～100厘米，再挖比较宽、深的排水支沟和干沟，以利果园雨季及时排水。

（2）山地排水　靠梯田壁挖深35厘米左右的排水沟，沟内每隔5～6米修一个长1米左右的拦水土埂，其高度比梯田面低10厘米左右的“竹节沟”。在其出水口处，挖长1米，深、宽各60厘米的沉淤坑，再在其上面修个石沿，称“水簸箕”，以免排水时冲坏地堰。

（3）暗沟排水　排水在解涝地的地面以下，用石砌或用水泥管构筑暗沟，以利排除地下水，保护果树免受涝害。

（三）道路系统

分主路、干路和支路。主路应贯穿全园，并与园外的交通线相连，便于果品和肥料运输。山区道路应是“环山路”或“之”字形路。主路宽6～8米，能对开运输车；干路与主路相通，围绕小区，作为小区的分界线，路宽4～6米，能单向开主要运输工具；支路在小区内，作为作业道，过次要交通工具。

（四）建筑物

包括管理用房、车库、药库、农具库、包装场、果库及养殖场（设在下风口），应设在交通方便的地方，占整个园区面积的3%。为了建立高效益现代化的中大型果园（100亩以上），还应作出养殖场的规划，实行果、牧有机结合的配套经营。

（五）防护林

1. 防护林的作用

① 降低风速，减少风害。

② 减轻霜害、冻害，提高坐果率。在易发生果树冻害的地区，设置防护林可明显减轻寒风对果树的威胁，降低旱害和冻害，减少落花落果，有利果树授粉。

③ 调节温度，增加湿度。据调查，林带保护范围比旷野平均提高气温0.3～0.6℃。湿度提高2%～5%。

④ 减少地表径流，防止水土流失。

2. 防护林带的结构

防护林带可分疏透型林带和紧密型林带两种类型。

（1）疏透型林带　由乔木组成，或两侧栽少量灌木，使乔灌之间有一定空隙，允许部分气流从中下部通过。大风经过疏透型林带后，风速降低，防风范围较宽，是果园常用类型。

（2）紧密型林带　由乔灌木混合组成，中部为4～8行乔木，两侧或在乔木下部，配栽2～4行灌木。林带长成后，上下左右枝叶密集，防护效果明显，但防护范围较窄。

3. 防护林树种的选择

防护林树种的选择，应满足以下条件。

① 生长迅速、树体高大，枝叶繁茂，防风效果好。灌木要求枝多叶密。

② 适应性强，抗逆性强。

③ 与果树无共同病虫害，不是果树病害的寄主，根蘖少，不

串根。

④ 具有一定的经济价值。

平原地区可选用构橘、臭椿、苦楝、白蜡条、紫穗槐等，山地可选用麻栗、紫穗槐、花椒、皂角等。

果园周围应避免用刺槐、泡桐等作防护林，因为它们是一些果树病害的潜隐寄主或传播体，如刺槐分泌出的鞣酸类物质对多种果树的生长有较大的抑制作用。

4. 防护林营造

(1) 林带间距、宽度　林带间的距离与林带长度、高度和宽度及当地最大风速有关。风速越大，林带间距离越短。防护林越长，防护的范围越大。一般果园防护林带背风面的有效防风距离约为林带树高的25～30倍，向风面为10～20倍。主林带之间的距离一般为300～400米，副林带之间的距离为500～800米，主林带宽一般10～20米，副林带宽一般6～10米。风大或气温较低的地区，林带宽一些、间距小一些。

(2) 林带配置和营造　山地果园主林带应规划在山顶、山脊以及山亚风口处，与主要为害风的方向垂直。副林带与主林带垂直构成网络状。副林带常设置于道路或排灌渠两旁。地堰地边、沟渠两侧也要栽上紫穗槐、花椒、酸枣、荆条、皂角等，以防止水土流失。

平地果园的主林带也要与主要为害风的风向垂直，副林带与主林带相垂直，主副林带构成林网。平地果园的主、副林带基本上与道路和水渠并列相伴设置。平地防护林系统由主、副林带构成的林网，一般为长方形，主林带为长边，副林带为短边。在防护林带靠果树一侧，应开挖至少深100厘米的沟，以防其根系串入果园影响果树生长。这条防护沟也可与排、灌沟渠的规划结合。

第三节　核桃栽植

一、授粉树的配置

核桃具有雌雄异熟、风媒传粉、传粉距离短及坐果率差异较大等特点，为了创造良好的授粉条件，要选择适宜的授粉品种。授粉品种的开花类型应该与主栽品种的开花类型正好相反，并且花期相遇，其坚果也应具有较高的商品价值。授粉树可按主栽品种和授粉品种隔行隔株配置，比例为（5～6）∶1。

二、栽植密度与方式

1. 确定栽植密度的依据

（1）合理密植可增加叶面积、充分利用光能。

（2）减少空闲地，合理利用地力；可增强群体抵抗自然灾害的能力；同时还可免受阳光直射园内，保持园地湿润，提高土壤肥力。可根据实际生产情况来掌握栽植密度。

（3）确定栽植密度应考虑立地条件、品种特性、经营管理水平等因素。

① 在地势平坦、土层深厚、肥力较高的土壤上建园，株行距应大些；在土壤和气候环境条件较差的土壤上建园，株行距应小些。

② 在经营条件好和技术水平高的地方栽植密度可加大，否则相反。

③ 生长速度慢及短枝型品种可适当加大栽植密度，否则相反。

④ 早实核桃结果早，产量高，而树冠较小；晚实品种结果较晚，产量较低，而树冠较大。用早实品种建园时，栽植密度应大于晚实品种，株行距可采用 3 米×5 米或 5 米×6 米，生产中常见栽植密度为（2～3)米×(4～5)米。晚实核桃的株行距可采用 6 米×8 米或 8 米×9 米。

⑤ 栽植于田埂、地边、堤堰和以种粮食为主实行果粮间作者，株行距可以灵活掌握，其株距一般为 8～10 米，行距视地块的宽窄而定，一般为 20～30 米。山地梯田栽植核桃，多为一个台面栽一行，台面宽度大于 10 米时可栽植两行，株距为 5～8 米。

⑥ 核桃也可计划密植，分永久株与临时株管理。在保证永久株的正常生长发育的同时，对临时株的树冠进行控制，使其早结

果。计划密植可采用 3 米×3 米、3 米×5 米或 4 米×4 米的株行距。当树冠交接郁闭、光照不良时，可隔行或隔株间伐或移栽，变成 6 米×6 米、5 米×6 米或 8 米×8 米的株行距。

2. 栽植方式

采用比较好的栽植方式可以更经济地利用土地，便于今后的田间管理工作。在确定了栽植密度的前提下，可结合当地自然条件决定。

(1) 长方形栽植　是生产中最常用的一种方式，行距大于株距，通风透光好，便于管理。

(2) 正方形栽植　株距与行距相等，密植条件下通风不良。现一般较少使用。

(3) 三角形栽植　株距大于行距，各行相互错开，呈三角形栽植。一般山地较窄时采用，或平地，栽一行太宽、两行太窄。该方式管理不便。

(4) 等高栽植　适用于坡地或梯田果园，是长方形栽植在坡地果园中的应用。

(5) 带状栽植　又叫宽窄行栽植。2～3 行为一带，每带间有较大间隔，便于田间管理。优点是增强群体果树的抗逆性，如抗风、抗旱性。但不足是带内通风透光不好，修剪时要考虑到这一点。

三、栽植时期

可在秋末冬初栽植，也可在春季栽植，应根据当地冬春季气候情况而定。

1. 秋栽

苗木从落叶后到土壤封冻前栽植。此时土壤温度和墒情较好，栽后根系伤口愈合快，栽植成活率高，缓苗期短，萌芽早，生长快。但应注意栽植后的幼树防寒。只要防寒措施得当，秋栽与春栽对成活率没有显著影响。

核桃幼树栽植后的防寒措施有幼树压倒埋干、树干缠塑料膜、缠尼龙袋、套塑料袋和树干涂聚乙烯醇等，以聚乙烯醇涂干省时间、简便、效果好。

2. 春栽

在土壤解冻后，苗木萌芽前进行。冬季干旱、寒冷地区要进行春栽。春栽能有效地防止秋季栽植后所栽苗木的抽条和冻害。一般在土壤解冻后抢墒及时栽植，宜早不宜迟，否则，会因墒情不良影响缓苗和成活。

四、栽植前的准备

1. 定点挖坑

定植坑挖大一些，坑的长、宽、深可各挖 60 厘米，把表土和心土分开，表土混入有机肥，填入坑中，然后取表土填平，浇水沉实。

2. 肥料准备

腐熟好的有机肥每株 2.5～5 千克，尽量少用或不用化肥，以免产生肥害。

五、栽植方法

将苗木放进挖好的栽植坑前，先将混好肥料的表土，填一半进坑内，堆成丘状，将苗木放入坑内，使根系均匀舒展地分布于表土与肥料混堆的丘上，校正栽植的位置，使株行之间尽可能整齐对正，并使苗木主干保持垂直。然后将另一半混肥的表土分层填入坑中，每填一层都要压实，并不时将苗木轻轻上下提动，使根系与土壤密接，最后将心土填入坑内上层。在进行深耕并施用有机肥改土的果园，最后培土应高于原地面 5～10 厘米，且根颈应高于培土面 5 厘米，以保证松土踏实下陷后，根颈仍高于地面。最后在苗木树盘四周筑一环形土埂，并立即灌水。

干旱地区要覆膜或盖草，中耕以提高成活率。

六、栽后管理

① 浇透水。歪苗扶正。

② 立即定干。对于达到定干高度的幼树，萌芽后要及时定干。定干高度应根据品种特性、栽培方式及土壤和环境等条件来确定。早实核桃定干高度为75～85厘米，晚实核桃为1.2～1.5米，有间作物时定干高度可提高到1.5～2.0米。

③ 在饱满芽上方2厘米处剪截。整形带25～30厘米。

④ 套塑料袋，保成活，防虫害。尤其是山地栽植，荒山上多东方金龟子。

⑤ 成活率调查。发现有死亡株，应及时补栽。

⑥ 防治病虫害。及时除萌。减少养分损失。抹除同一节位上过多的芽。

⑦ 追肥灌水。成活展叶后，干旱时要浇水。6月下旬～7月上旬要追氮肥。8～9月份控制生长（控制浇水、摘心），提高越冬性。

⑧ 幼树防寒、防抽条。我国华北和西北地区，冬季寒冷早春风多的地区，核桃易发生地上部水分收支不平衡，产生生理干旱而抽条，抽条现象多发生在2～3月，防止抽条主要措施是加强肥水、病虫和树体管理，提高树体自身的抗冻性和抗抽条能力。在7月以前，以施氮肥为主，7月以后以磷、钾肥为主。结合控制灌水和摘心等措施，控制枝条旺长，增加树体的储藏营养和抗性。9月下旬到10月上旬，适时喷药防止大青叶蝉在枝干上产卵为害，11月上旬灌1次封冻水。在此基础上对核桃幼树采取埋土防寒、培土防寒、培月牙埂或采取枝干涂白、涂刷羧甲基纤维素或聚乙烯醇等人工辅助防寒措施，以减少核桃枝条水分的损失，确保安全越冬。但切忌用凡士林涂抹枝干，因为凡士林对核桃枝条有伤害作用。

第六章　核桃树的营养与土肥水管理技术

核桃树在每年的生长发育和大量结果过程中，根系必须不断地从土壤中吸收各种养分和水分，以充分供应果树正常生长和结果的需要。土壤环境条件的好坏，特别是水、肥、气、热的协调情况，直接影响根系的生长和吸收，影响果树的生长和结果状况，要达到树体健壮、丰产稳产、果实优质的目的，必须加强土肥水管理。

第一节　核桃树的营养元素

近年来，随着果品价格的提高，果农收入大幅度增加，为了进一步提高果实的产量和品质，肥料投入越来越大，但效果却不理想，甚至出现各种问题，如产量上不去、黄叶、干枝、果面粗糙、死树等问题，如何让果农掌握科学施肥方法和技术，提高肥料的利用效果，减少肥料投入和浪费，以下就从果树的需求营养特点讲起。

一、核桃树正常生长需要的营养元素

在果树的整个生长期内所必需的营养元素共有 16 种，分别是碳（C）、氢（H）、氧（O）、氮（N）、磷（P）、钾（K）、钙（Ca）、镁（Mg）、硫（S）、铁（Fe）、锰（Mn）、锌（Zn）、铜（Cu）、钼（Mo）、硼（B）、氯（Cl）。

这 16 种必需的营养元素根据果树吸收和利用的多少，又可分为大量营养元素、中量营养元素、微量营养元素。

1. 大量营养元素

它们在植物体内含量为植物干重的百分之几以上，包括碳（C）、氢（H）、氧（O）、氮（N）、磷（P）、钾（K）共6种。

2. 中量营养元素

有钙（Ca）、镁（Mg）、硫（S）3种，它们在植物体内含量为植物干重的千分之几。

3. 微量营养元素

有铁（Fe）、锰（Mn）、锌（Zn）、铜（Cu）、钼（Mo）、硼（B）、氯（Cl）7种。它们在植物体内含量很少，一般只占干重的万分之几到千分之几。

经过多年的科学研究证明，上述16种营养元素是所有果树在正常生长和结果过程中所必需的。每种营养元素都有独特的作用，尽管果树对不同的营养元素吸收量有多有少，但缺一不可，不可相互替代，同时各种元素之间互相联系，相互制约，缺少任何一种营养成分会造成其他营养的吸收困难，造成果树缺素和肥料浪费。

二、各种营养元素对果树的生理作用

1. 大量元素对果树的生理作用

（1）氢（H）元素和氧（O）元素　这两种元素必须合在一起对果树起到营养作用，就是水，水是果树最重要的营养肥料，吸收和利用最多。

① 光合作用的原料。

② 果实和树体最重要的组成成分。

③ 蒸腾降温。

④ 运送营养的载体。

⑤ 参与各种代谢活动。

（2）碳（C）元素　是光合作用的原料，和水结合在太阳光能的作用下，在果树叶片内形成葡萄糖，然后转化为各种营养成分，如蛋白质、维生素、纤维素等。

（3）氮（N）元素　氮是果树的主要营养元素，含量百分之几或更高，同时也是原始土壤中不存在，但影响果树生长和形成产量的最重要的要素之一。

① 氮是植物体内蛋白质、核酸以及叶绿素的重要组成部分，也是植物体内多种酶的组成部分。同时植物体内的一些维生素和生物碱中都含有氮。

② 氮素在植物体内的分布，一般集中于生命活动最活跃的部分（新叶、新枝、花、果实），能促进枝叶浓绿，生长旺盛。氮素供应充分与否和植物氮素营养的好坏，在很大程度上影响着植物的生长发育状况。果树发育的早期阶段，氮素需要多，是氮营养特别重要的阶段，在这些阶段保证正常的氮营养，能促进生育，增加产量。

③ 果树具有吸收同化无机氮化物的能力。除存在于土壤中的少量可溶性含氮有机物，如尿素、氨基酸、酰胺等外，果树从土壤中吸收的氮素主要是铵盐和硝酸盐，即铵态氮和硝态氮。

④ 果树对氮素的吸收，在很大程度上依赖于光合作用的强度，施氮肥的效果往往在晴天较好，因为吸收快。

⑤ 氮素缺乏时植株生长停顿，老叶片黄化脱落。但施用过量，容易徒长，妨碍花芽形成和开花。

（4）磷（P）元素

① 磷在果树中的含量仅次于氮和钾。磷对果树营养有重要的作用。

② 磷在果树内参与光合作用、呼吸作用、能量储存和传递、细胞分裂、细胞增大等过程。

③ 磷能促进早期根系的形成和生长，提高果树适应外界环境条件的能力，有助于果树耐过冬天的严寒。

④ 磷能提高果实的品质。

⑤ 磷有助于增强果树的抗病性。

⑥ 磷有促熟作用，对果实品质很重要。

（5）钾（K）元素　钾是果树的主要营养元素，也是土壤中常因供应不足而影响果实产量的三要素之一。

钾对果树的生长发育也有重要作用，但它不像氮、磷一样直接参与构成生物大分子。它的主要作用是在适量的钾存在时，植物的酶才能充分发挥作用。

① 钾能够促进光合作用。有资料表明含钾高的叶片比含钾低的叶片多转化光 50%～70%。在光照不好的条件下，钾肥的效果更显著。钾还能够促进碳水化合物的代谢、促进氮素的代谢，使果树有效利用水分和提高果树的抗性。

② 钾能促进纤维素和木质素的合成，使树体粗壮。

③ 钾充足时，果树抗病能力增强。

④ 钾能提高果树对干旱、低温、盐害等不良环境的耐受力。

土壤缺乏钾的症状是，首先从老叶的尖端和边缘开始发黄，并渐次枯萎，叶面出现小斑点，进而干枯或呈焦枯焦状，最后叶脉之间的叶肉也干枯，并在叶面出现褐色斑点和斑块。

2. 中量元素对果树的生理作用

(1) 钙（Ga）元素

① 是构成植物细胞壁和细胞质膜的重要组成成分。参与蛋白质的合成，还是某些酶的活化剂。能防止细胞液外渗。

② 提高耐储藏能力。

③ 抑制真菌侵袭，降低病害感染。

④ 能降低土壤中某些离子的毒害。

果树缺钙时，树体矮小，根系发育不良，茎和叶及根尖的分生组织受损。严重缺钙时，幼叶卷曲，新叶抽出困难，叶尖之间发生粘连现象，叶尖和叶缘发黄或焦枯坏死，根尖细胞腐烂死亡。

(2) 镁（Mg）元素　镁是叶绿素的重要组成部分，是各种酶的基本要素，参与果树的新陈代谢过程。镁供应不足，叶绿素难以生成，叶片就会失去绿色而变黄，光合作用就不会进行，果实产量会减少。

果树缺镁时的症状首先表现在老叶上。开始时叶的尖端和叶缘的脉尖色泽变淡，由淡绿变黄再变紫，随后向叶基部和中央扩展，但叶脉仍保持绿色，在叶片上形成清晰的网状脉纹；严重时叶片枯萎、脱落。

(3) 硫 (S) 元素　硫是蛋白质的组成成分。缺硫时蛋白质形成受阻；在一些酶中也含有硫，如脂肪酶、脲酶都是含硫的酶；硫参与果树体内的氧化还原过程；硫对叶绿素的形成有一定的影响。

果树缺硫时的症状与缺氮时的症状相似，变黄比较明显。一般症状是树体矮小，叶细小，叶片向上卷曲，变硬易碎，提早脱落，开花迟，结果、结荚少。

3. 微量元素对果树的生理作用

(1) 铁 (Fe) 元素

① 铁是形成叶绿素所必需的，缺铁时产生缺绿症，叶片呈淡黄色，甚至为白色。

② 铁参加细胞的呼吸作用，在细胞呼吸过程中，它是一些酶的成分。

铁在果树树体中流动性很小，老叶中的铁不能向新生组织中转移，不能被再度利用。因此缺铁时，下部叶片常能保持绿色，而嫩叶上呈现失绿症。

(2) 锰 (Mn) 元素

① 锰是多种酶的成分和活化剂，能促进碳水化合物的代谢和氮的代谢，与果树生长发育和产量有密切关系。

② 锰与绿色植物的光合作用、呼吸作用以及硝酸还原作用都有密切的关系。缺锰时，植物光合作用明显受抑制。

③ 锰能加速萌发和成熟，增加磷和钙的有效性。

缺锰症状首先出现在幼叶上，表现为叶脉间黄化，有时出现一系列的黑褐色斑点。

(3) 锌 (Zn) 元素

① 锌提高植物光合速率。

② 锌可以促进氮的代谢，是影响蛋白质合成最为突出的微量元素。

③ 锌能提高果树抗病能力。

缺锌时，叶片失绿外，在枝条尖端常出现小叶和簇生现象，称

为“小叶病”。严重时枝条死亡，产量下降。

(4) 铜 (Cu) 元素

① 铜是作物体内多种氧化酶的组成成分，在氧化还原反应中铜有重要作用。

② 参与植物的呼吸作用，影响果树对铁的利用，在叶绿体中含有较多的铜，铜与叶绿素形成有关。铜还具有提高叶绿素稳定性的能力，避免叶绿素过早遭受破坏，有利于叶片更好地进行光合作用。

③ 增强果树的光合作用。

④ 有利于果树的生长和发育。

⑤ 增强抗病能力（波尔多夜）。

⑥ 提高果树的抗旱和抗寒能力。

缺铜时，叶绿素减少，叶片出现失绿现象，幼叶的叶尖因缺绿而黄化并干枯，最后叶片脱落。缺铜也会使繁殖器官的发育受到破坏。

(5) 钼 (Mo)

① 促进生物固氮。

② 促进氮素代谢。

③ 增强光合作用。

④ 有利于糖类的形成与转化。

⑤ 增强抗旱、抗寒、抗病能力。

⑥ 促进根系发育。

缺钼时，果树矮小，生长受抑制，叶片失绿，枯萎以致坏死。

(6) 硼 (B) 元素

① 促进花粉萌发和花粉管生长，提高坐果率和果实正常发育。

② 硼能促进碳水化合物的正常运转和蛋白质代谢。

③ 增强果树抗逆性。

④ 有利于根系生长发育。

在植物体内含硼量最高的部位是花，缺硼常表现结果率低、果实畸形，果肉有木栓化或干枯现象。

（7）氯（Cl）元素

① 适当的氯能促进 K^+ 和 NH_4^+ 的吸收。

② 参与光合作用中水的光解反应，起辅助作用，使光合磷酸化增强。

③ 对果树生长有促进作用。

第二节　核桃园土壤管理技术

一、不同类型土壤的特点

1. 土壤质地分类

土壤是由不同粒径的土粒组成。土粒分为砂粒、粉粒、黏粒，见表 6-1。

表 6-1　我国制土粒分级标准

粒级名称		粒径/毫米
石砾		1～3
砂粒	粗砂粒	0.25～1.00
	细砂粒	0.05～0.25
粉粒	粗粉粒	0.01～0.05
	中粉粒	0.005～0.010
	细粉粒	0.002～0.005
黏粒	粗黏粒	0.001～0.002
	细黏粒	<0.001

注：来源于熊毅，李庆逵，《中国土壤》，1987。

土壤分为砂质土、壤土、黏土，见表 6-2。

2. 不同质地土壤的肥力特点

（1）砂质土

① 砂质土含砂粒多，黏粒少，粒间多为大孔隙，但缺乏毛管孔隙，所以透水排水快，但土壤持水量小，蓄水抗旱能力差。

② 砂质土中主要矿物为石英，养分贫乏，又因缺少黏土矿物，

表 6-2 我国土壤质地分类 %

质地	质地名称	颗粒组成		
		砂粒(粒径 0.05～1 毫米)	粗粉粒(粒径 0.01～0.05 毫米)	细黏粒(粒径 ＜0.001 毫米)
砂土	极重砂土	＞80		＜30
	重砂土	70～80		
	中砂土	60～70		
	轻砂土	50～60		
壤土	砂粉土	≥20	≥40	＜30
	粉土	＜20		
	砂壤土	≥20	＜40	
	壤土	＜20		
黏土	轻黏土			30～35
	中黏土			35～40
	重黏土			40～60
	极重黏土			＞60

保肥能力弱，养分易流失。

③ 砂质土通气性良好，好氧微生物活动强烈，有机质分解快，因而有机质的积累难而含量较低。

④ 砂质土水少气多，土温变幅大，昼夜温差大，早春土温上升快，称热性土。砂质土夏天最高温可达 60℃以上，过高的土表温度不仅直接灼伤植物，也造成干热的近地层小气候，加剧土壤和植物的失水。

⑤ 砂质土疏松，易耕作，但耕作质量差。

⑥ 对砂质土施肥时应多施未腐熟的有机肥，化肥施用则宜少量多次。在水分管理上，要注意保证水源供应，及时进行小定额灌溉，防止漏水漏肥，并采用土表覆盖以减少水分蒸发。

(2) 黏质土

① 黏质土含砂粒少，黏粒多，毛管孔隙发达，大孔隙少，土壤透水通气性差，排水不良，不耐涝。虽然土壤持水量大，但水分损失快，耐旱能力差。

② 通气性差，有机质分解缓慢，腐殖质累积较多。

③ 黏质土含矿质养分较丰富，土壤保肥能力强，养分不易淋失，肥效来得慢，平稳而持久。

④ 黏质土土温变幅小，早春土温上升缓慢，有冷性土之称。

⑤ 黏质土往往黏结成大土块，犁耕时阻力大，土壤胀缩性强，干时田面开大裂、深裂，易扯伤根系。

⑥ 施肥时应施用腐熟的有机肥，化肥一次用量可比砂质土多。在雨水多的季节要注意沟道通畅以排除积水，夏季伏旱注意及时灌溉。

（3）壤质土

① 壤质土所含砂粒、黏粒比例较适宜，它既有砂质土的良好通透性和耕性的优点，又有黏土对水分、养分的保蓄性，肥效稳而长等优点。

② 壤土类土壤对农业生产来说一般较为理想。不过，以粗粉粒占优势（60%～80%以上）而又缺乏有机质的壤质土的汀板性强，不利于树苗扎根和发育。

二、优质丰产核桃园对土壤的要求

土壤是核桃树的重要生态环境条件之一，土壤的理化性状和管理水平，与果树的生长发育和结果密切相关。

1. 核桃园土壤管理的目的

（1）扩大根域土壤范围和深度，为果树生长创造良好的土壤生态环境。

（2）供给并调控果树从土壤中吸收水分和各种营养物质。

（3）增加土壤有机质和养分，增强地力。

（4）疏松土壤，使土壤透气性良好，以利于根系生长。

（5）搞好水土保持，为苹果树丰产优质打基础。

2. 优质高效苹果园需要的土壤条件要求

要求土层深厚，土壤固、液、气三相物质比例适当，质地疏松，温度适宜，酸碱度适中，有效养分含量高。生产中应根据苹果

树生长的需要进行土壤改良，为根系生长创造理想的根际土壤环境。

（1）具有一定厚度（60厘米以上）的活土层　果树根系集中分布层的范围越广，抵抗不良环境、供应地上部营养的能力就越强，为达到优质、丰产的目的，应为根系创造最适生态层，土壤应具有一定厚度（60厘米以上）的活土层。

（2）土壤有机质含量高　高产核桃园土壤要求有机质含量高，团粒结构良好。有机质经土壤微生物分解后能不断释放果树需要的各种营养元素供果树需要；有机质能加速微生物繁殖，加快土壤熟化，维持土壤的良好结构；有机质被微生物分解后部分转变成腐殖质，成为形成团粒结构的核心，大量的营养元素吸附在其表面，肥力持久。优质高产果园土壤有机质含量至少要达到1%以上。

（3）土壤疏松、透气性强、排水性好　果树根系的呼吸、生长及其他生理活动都要求土壤中有足够的氧气，土壤缺氧时树体的正常呼吸及生理活动受阻，生长停止。优质丰产果园土壤应疏松、透气、排水性好，以保证根系正常生理活动。

三、果园土壤改良方法

建在山地、丘陵、砂砾滩地、盐碱地的果园，土壤瘠薄、结构不良、有机质含量低，土质偏酸或偏碱，对果树生长不利，必须在栽植前后至幼树期对土壤进行改良，改善、协调土壤的水、肥、气、热条件，提高土壤肥力。

1. 适度深翻

对土壤厚度不足50厘米，下层为未风化层的瘠薄山地，或30～40厘米以下有不透水黏土层的砂地或河滩地，应重视果园的土壤改良。如果园土壤为疏松深厚的砂质壤土，不需要深翻。

（1）深翻时期　根据果树根系的生长物候期的变化，春夏秋三季都是根系的生长高峰时期，深翻伤根后伤口愈合并能迅速恢复生长。不同时期深翻，效果不同。

① 春季深翻　土壤刚刚解冻，土质松软，春季果树需水多，

伤根太多会造成树体失水，影响春天果树开花和新梢生长。

② 夏季深翻　夏季高温，根系生长快，雨量多，深翻后伤根愈合快。夏季深翻可结合压绿肥，减少新梢生长速度，深翻效果好。

③ 秋季深翻　一般在 9 月中旬开始，入冬前结束。

（2）深翻方法　生产上常用的深翻方法有深翻扩穴和隔行深翻等，深翻深度 40～60 厘米，深翻沟要在距树干 1 米往外，以免伤大根。深翻时，表土、心土要分开堆放。回填时先在沟内埋有机物如作物秸秆等，把表土与有机肥混匀先填入沟内，心土撒开。每次深翻沟要与以前的沟衔接，不留隔离带。

（3）深翻注意事项

① 切忌伤根过多，以免影响地上部生长。深翻中应特别注意不要切断 1 厘米以上的大根。

② 深翻结合施有机肥，效果好。

③ 随翻随填，及时浇水，根系不能暴露太久。干旱时期不能深翻，排水不良的果园，深翻后及时打通排水沟，以免积水引起烂根。地下水位高的果园，主要是培土而不是深翻。更重要的是深挖排水沟。

④ 做到心土、表土互换，以利心土风化、熟化。

2. 培土（压土）与掺沙

（1）作用　培土、掺沙能增厚土层、保护根系、增加养分、改良土壤结构。

（2）培土的方法　把土块均匀分布全园，经晾晒打碎，通过耕作把所培的土与原来的土壤逐步混合。

（3）压土与掺沙时期　北方寒冷地区一般在晚秋初冬进行，可起保温防冻、积雪保墒的作用。压土掺沙经冬季土壤熟化，对次年果树的生长发育有利。

（4）注意事项　压土厚度要适宜，过薄起不到压土的作用，过厚对果树发育不利，“沙压黏”或“黏压沙”时要薄一些，一般厚度为 5～10 厘米；压半风化石块可厚些，但不要超过 15 厘米，连

续多年压土，土层过厚会抑制果树根系呼吸，影响果树生长和发育，造成根颈腐烂，树势衰弱。在果园压土或放淤时，为防止接穗生根或对根系的不良影响，应扒土露出根颈。

3. 增施有机肥料

（1）有机肥料特点　所含营养元素比较全面，除含主要元素外，还含有微量元素和许多生理活性物质，包括激素、维生素、氨基酸、葡萄糖、DNA、RNA、酶等，也称完全肥料。多数有机肥料需要通过微生物的分解释放才能被果树根系所吸收，所以又称迟效性肥料，多作基肥使用。

（2）种类　常用的有机肥料有厩肥、堆肥、禽粪、鱼肥、饼肥、人粪尿、土杂肥、绿肥等。

（3）作用

① 有机肥料能供给植物所需要的营养元素和某些生理活性物质，还能增加土壤的腐殖质。

② 有机肥中的有机胶质可改良砂土，增加土壤的孔隙度，改良黏土的结构，提高土壤保水保肥能力，缓冲土壤的酸碱度，改善土壤的水、肥、气、热状况。

③ 施用有机肥后，分解缓慢，整个生长期间都可持续不断发挥肥效；土壤溶液浓度没有忽高忽低的急剧变化。

④ 可缓和施用化肥后引起土壤板结、元素流失、使磷和钾变为不可给态等的不良反应，提高化肥的肥效。

4. 应用土壤结构改良剂

（1）分类　土壤结构改良剂分有机、无机及无机-有机三种。

① 有机土壤结构改良剂是从泥炭、褐煤及垃圾中提取的高分子化合物。

② 无机土壤结构改良剂有硅酸钠及沸石等。

③ 无机-有机土壤结构改良剂有二氧化硅-有机化合物等。

（2）作用　土壤结构改良剂可改良土壤理化性质及生物学活性，保护根层，防止水土流失，提高土壤透水性，减少地面径流。固定流沙，加固渠壁，防止渗漏，调节土壤酸碱度等。

四、果园主要土类的改良

1. 山地红黄壤果园改良

（1）特点

① 红黄壤广泛分布于我国长江以南丘陵山区。该地区高温多雨，有机质分解快、易淋洗流失，而铁、铝等元素易于积累，使土壤呈酸性反应，同时有效磷的活性降低。

② 由于风化作用强烈，土粒细，土壤结构不良，水分过多时，土粒吸水成糊状。

③ 干旱时水分容易蒸发散失，土块又易紧实坚硬。

（2）改善红黄壤的理化性状的措施

① 做好水土保持工作　红黄壤结构不良，水稳性差，抗冲刷力弱，应做好梯田、撩壕等水土保持工作。

② 增施有机肥料　红黄壤土质瘠薄，缺乏有机质，土壤结构不良。增加有机肥料是改良土壤的根本性措施，如增施厩肥，大力种植绿肥等。

③ 施用磷肥和石灰　红黄壤中的磷素含量低，有机磷更缺乏，增施磷肥效果良好。在红黄壤中各种磷肥都可施用，但目前多用微酸性的钙镁磷肥。

红黄壤施用石灰可以中和土壤酸度，改善土壤理化性状，加强有益微生物活动，促进有机质分解，增加土壤中速效养分，施用量每亩 50～75 千克。

2. 盐碱地果园土壤改良

（1）特点

① 土壤的酸碱度可影响果树根系生长，要求中性到微酸性土壤。

② 土壤中盐类含量过高，对果树有害，一般硫酸盐不能超过 0.3%。

③ 在盐碱地果树根系生长不良，易发生缺素症，树体易早衰，产量也低。

（2）改良措施　在盐碱地栽植果树必须进行土壤改良。措施如下。

① 设置排灌系统　改良盐碱地主要措施之一是引淡洗盐。在果园顺行间隔20～40米挖一道排水沟，一般沟深1米，上宽1.5米，底宽0.5～1.0米。排水沟与较大较深的排水支渠及排水干渠相连，使盐碱能排到园外。园内定期引淡水进行灌溉，达到灌水洗盐的目的。达到要求含盐量（0.1%）后，应注意生长期灌水压碱，中耕、覆盖、排水、防盐碱上升。

② 深耕施有机肥　有机肥料除含果树所需要的营养物质外，并含有机酸，对碱能起中和作用。有机质可改良土壤理化性状，促进团粒结构的形成，提高土壤肥力，减少蒸发，防止返碱。天津清河农场经验，深耕30厘米，施大量有机肥，可缓冲盐害。

③ 地面覆盖　地面铺沙、盖草或其他物质，可防止盐上升。干旱季节在盐碱地上铺10～15厘米沙，可防止盐碱上升和起到保墒的作用。

④ 营造防护林和种植绿色作物　防护林可以降低风速，减少地面蒸发，防止土壤返碱。种植绿色植物，除增加土壤有机质、改善土壤理化性质外，绿肥的枝叶覆盖地面，可减少土壤蒸发，抑制盐碱上升（表）。

⑤ 中耕除草　中耕可锄去杂草，疏松表土，提高土壤通透性，又可切断土壤毛细管，减少土壤水分蒸发，防止盐碱上升。施用石膏等对碱性土的改良也有一定作用。

3. 沙荒及荒漠土果园改良

我国黄河中下游的泛滥平原，最典型的为黄河故道地区的沙荒地。

（1）特点

① 其组成物主要是沙粒，沙粒的主要成分为石英，矿物质养分稀少，有机质极其缺乏。

② 导热快，夏季比其他土壤温度高，冬季又比其他土壤冻结厚。

③ 地下水位高，易引起涝害。

(2) 改土措施

① 开排水沟降低地下水位，洗盐排碱。

② 培泥或破淤泥层。

③ 深翻熟化；增施有机肥或种植绿肥。

④ 营造防护林。

⑤ 有条件的地方试用土壤结构改良剂。

五、幼龄果园土壤管理制度

1. 幼树树盘管理

幼树树盘即树冠投影范围。树盘内的土壤可以采用清耕或清耕覆盖法管理。耕作深度以不伤根系为限。有条件的地区，可用各种有机物覆盖树盘。覆盖物的厚度，一般在10厘米左右。如用厩肥、稻草或泥炭覆盖还可薄一些。夏季给果树树盘覆盖，降低地温的效果较好。沙滩地树盘培土，既能保墒又能改良土壤结构，减少根系冻害。

2. 果园间作

幼龄果园行间空地较多可间作。

(1) 好处

① 果园间作可形成生物群体，群体间可相依存，还可改善微域气候，有利于幼树生长，并可增加收入，提高土地利用率。

② 合理间作既充分利用光能，又可增加土壤有机质，改良土壤理化性状。如间作大豆，除收获豆实外，遗留在土壤中的根、叶，每亩地可增加有机质约17.5千克。利用间作物覆盖地面，可抑制杂草生长，减少蒸发和水土流失，防风固沙，缩小地面温变幅度，改善生态条件，有利于果树的生长发育。

(2) 间作物要求及管理

① 间作物要有利于果树的生长发育，在不影响果树生长发育的前提下，种植间作物。

② 应加强树盘肥水管理，尤其是在间作物与果树竞争养分剧

烈的时期，要及时施肥灌水。

③ 间作物要与果树保持一定距离，尤其是播种多年生牧草更应注意。因多年生牧草根系强大，应避免其根系与果树根系交叉，加剧争肥争水的矛盾。

④ 间作物植株要矮小，生育期较短，适应性强，与果树需水临界期错开。

⑤ 间作物应与果树没有共同病虫害，比较耐荫和收获较早等。

（3）适宜核桃园间种作物

① 以豆类（包括花生）最好。薯类、瓜类、谷等也可。

② 不易种植高粱、玉米等高秆作物，易遮光又与果树争夺肥水，喷药等管理不方便；也不宜种植种植蔬菜，特别是秋季蔬菜，蔬菜生长期施肥灌水，造成果幼树贪长，抗寒性差，容易受冻。间作秋季蔬菜的果园，浮尘子产卵危害枝干严重，次年春季幼树易抽条。

③ 为了缓和树体与间作物争肥、争水、争光的矛盾，又便于管理，果树与间作物间应留出足够的空间。当果树行间透光带仅有1～1.5米时应停止间作。

④ 长期连作易造成某种元素贫乏，元素间比例失调或在土壤中遗留有毒物质，对果树和间作物生长发育均不利。为避免间作物连作所带来的不良影响。需根据各地具体条件制定间作物的轮作制度。

六、成年果园土壤管理制度

成年果园的土壤管理制度如下。

1. 清耕

园内不种作物，经常进行耕作，使土壤保持疏松和无杂草状态。果园清耕制是一种传统的果园土壤管理制度，目前生产中仍被广泛应用。

（1）方法　果园土壤在秋季深耕，春季浅耕，生长季多次中耕除草，耕后休闲。

① 秋季深耕

a. 在新梢停长后或果实采收后进行。此时地上部养分消耗减少，树体养分开始向下运转，地下部正值根系秋季生长高峰，被耕翻碰伤的根系伤口可以很快愈合，并能长出新根，有利于树体养分的积累。

b. 由于表层根被破坏，促使根系向下生长，可提高根系的抗逆性，扩大吸收范围。

c. 通过耕翻可铲除宿根性杂草及根蘖，减少养分消耗。

d. 耕翻有利于消灭地下越冬害虫。

e. 在雨水过多的年份，秋季耕翻后，不耙平或留“锹窝”，可促进蒸发，改善土壤水分和通气状况，有利于树体生长发育；在低洼盐碱地留“锹窝”，还可防止返碱。

f. 耕翻深度一般为20厘米左右。

② 春季浅翻

a. 在清明到夏至之间对土壤进行浅翻，深10厘米左右。

b. 此时是新梢生长、坐果和幼果膨大时期，经浅耕有利于土壤中肥料的分解，也有利于消灭杂草及减少水分的蒸发，促进新梢的生长、坐果和幼果的膨大。

③ 中耕除草　生长季节，果园在雨后或灌溉后须进行中耕除草，以疏松表土、铲除杂草、防止土壤水分的蒸发。

（2）果园清耕制的优缺点

① 优点

a. 清耕法可使土壤保持疏松通气，促进微生物繁殖和有机物分解，短期内显著增加土壤有机态氮素。

b. 耕锄松土，可除草、保肥、保水。

c. 有效控制杂草，避免杂草与果树争夺肥水的矛盾。

d. 能使土壤保持疏松通气，促进微生物的活动和有机物的分解，短期内提高速效性氮素的释放，增加速效性磷、钾的含量。

e. 利于行间作业和果园机械化管理。

f. 消灭部分寄生或躲避在土壤中的病虫。

② 缺点

a. 果园长期清耕会使果园的生物种群结构发生变化，一些有益的生物数量减少，破坏果园的生态平衡。

b. 破坏土壤结构，使物理性状恶化，有机质含量及土壤肥力下降。

c. 长期耕作使果实干物质减少，酸度增加，储藏性下降。

d. 坡地果园采用清耕法在大雨或灌溉时易引起水土流失；寒冷地区清耕制果园的冻害加重，幼树的抽条率高。

e. 清耕法费工、劳动强度大。

③ 果园清耕制一般适应于土壤条件较好、肥力高、地势平坦的果园，果园不宜长期应用清耕制，也不能连年应用，应用清耕制要注意增施有机肥。

2. 生草

除树盘外，在果树行间播种禾本科、豆科等草种的土壤管理方法。生草法在土壤水分较好的果园可以采用。应选择优良草种，关键时期补充肥水，刈割覆盖地面，在缺乏有机质、土壤较深厚、水土易流失的果园，生草法是较好的土壤管理方法。

(1) 优缺点评价

① 优点

a. 生草后土壤不进行耕锄，土壤管理较省工。

b. 可减少土壤冲刷，留在土壤中的草根，可增加土壤有机质，改善土壤理化性状，使土壤能保持良好的团粒结构。

c. 在雨季，生草果园消耗土壤中过多水分、养分，可促进果实成熟和枝条充实，提高果实品质。

② 缺点

a. 长期生草的果园易使表层土板结，土壤的通气性受影响。

b. 草的根系强大，且在土壤上层分布密度大，截取下渗水分，消耗表土层氮素，使果树根系上浮，与果树争夺水肥的矛盾加大，可通过刈割草，对果树、草增施肥料等方法加以控制。

(2) 草种及草的栽培要点　果园草种主要是多年生牧草和禾本

科植物。常见较好的草种有白花三叶草、紫花苜蓿、多年生黑麦草、毛叶苕子等。

① 白三叶草，也叫白车轴草、荷兰翘摇。为豆科三叶草属多年生宿根性草本植物。

白三叶草喜温暖湿润气候，较其他三叶草适应性强。气温降至0℃时部分老叶枯黄，小叶停止生长，但仍保持绿色；耐热性也很强，35℃左右的高温不会萎蔫。生长最适温度为19～24℃。较耐荫，在果园生长良好，但在强遮阳的情况下易徒长。对土壤要求不严格，耐瘠、耐酸，不耐盐碱。耐践踏，耐修剪，再生力强。

白三叶草种子细小，播前需精细整地，翻耕后施入有机肥或磷肥，可春播也可秋播，北方地区以秋播为宜。果园每亩播种量为1千克以上，多用条播，也可撒播，覆土要浅，1厘米左右即可。播种前可用三叶草根瘤菌拌种，接种根瘤菌后，三叶草长势旺盛，固氮作用增强。白三叶草的初花期即可刈割。花期长，种子成熟不一致，利用部分种子自然落地的特性，果园可达到自然更新，长年不衰。

白三叶草生长快，有匍匐茎，能迅速覆盖地面，草丛浓厚，具根瘤。白花三叶草植株低矮，一般30厘米左右，长到25厘米左右时进行刈割，刈割时留茬不低于5厘米，以利再生。每年可刈割2～4次，割下的草可就地覆盖。每次刈割后都要补充肥水。生草3年左右后草已老化，应及时翻耕，休闲1年后，重新播种。

② 紫花苜蓿，豆科多年生宿根性草本植物。

紫花苜蓿喜温暖半干燥性气候，抗寒、抗旱、耐瘠薄、耐盐碱，但不耐涝。种子发芽的最低温度为5℃，幼苗期可耐－6℃的低温，植株能在－30℃的低温下越冬，对土壤要求不严。播种前施入农家肥及磷肥作底肥，以利根瘤形成。苜蓿种子细小，应精细整地，深耕细耙。可春播和夏播。春季墒情好时可早春播种，在春季干旱、风沙多的地区宜雨季播种，一般每亩用种量1千克，播种深度2～3厘米，采用条播，行距25～50厘米。

紫花苜蓿一般可利用5～7年，1年可刈割3～4茬，留茬高度

5厘米，在第二年和第三年，年产鲜草达5000～7000千克，最佳收割期为始花期。苜蓿耗水量大，在干旱季节、早春和每次刈割后灌溉，能显著提高苜蓿产量。

③ 多年生黑麦草，为禾本科黑麦草属多年生草本植物。

多年生黑麦草喜温暖湿润气候，适于年降雨量700～1500毫米地区，生长最适温度20～25℃，不耐炎热，35℃以上生长不良；抗旱性差，适宜在肥沃、潮湿、排水良好的壤土和黏土上种植，不宜在砂土上种植。

多年生黑麦草种子细小，播种前应精细整地、施足底肥。春、秋均可播种，以秋播为宜，播种量1～1.5千克/亩，撒播和条播均可，条播行距25～30厘米，播种深度2厘米左右。

刈割应在抽穗前或抽穗期进行，每次刈割后要追肥，以氮肥为主。多年生黑麦草一般寿命4～5年，须根发达，有良好的保持水土作用。

④ 毛叶苕子，俗名兰花草、苕草、野豌豆等，豆科巢菜属，1年生或越年生草本植物。苕子根上着生根瘤，固氮能力强，养分含量高。

苕子的根系发达，吸收水分的能力极强，叶片小，全株着生茸毛，抗旱能力较强，在各类土壤上都能生长，但以在排水良好的壤质土上生长较好。苕子的抗寒性较强，除我国东北、西北高寒地区外，大多数地区可以安全越冬。苕子耐荫性较好，适于果园间作；苕子的再生能力强，如果在蕾期刈割，伤口下的腋芽可萌发成枝蔓。

毛叶苕子一般采用春播或秋播的方法，冬季不能越冬的地区实行春播；冬季能安全越冬的地区最好秋播。

果园种植毛叶苕子要求土壤耙平、整细。由于种皮坚硬，不易吸水发芽，为提高种子的发芽率，播种前要进行种子处理，即用60℃的水浸种5～6小时，涝出，晾干后播种。在播种前用根瘤菌拌种可提高鲜草产量和固氮的能力。果园间种毛叶苕子，以条播为宜，行距25～30厘米，每亩播种量5千克左右。

在苕子的盛花期就地翻压或割后集中于树盘下压青；在苕子现蕾初期，留茬10厘米刈割，刈割后再生留种；苕子有30%硬粒，在第二年后陆续发芽，可让其自然落种，形成自然生草；利用苕子鲜茎叶或脱落后的干茎叶做成堆肥或沤肥，腐熟后施入果园。

3. 果园覆草

果园覆草的草源主要是作物秸秆。

① 优缺点

a. 覆草能防止水土流失，抑制杂草生长，减少蒸发，防止返碱，积雪保墒，缩小地温昼夜与季节变化幅度。

b. 覆草能增加有效态养分和有机质含量，并防止磷、钾和镁等被土壤固定而成无效态，利于团粒形成，对果树的营养吸收和生长有利。

c. 但覆草可招致虫害和鼠害，使果树根系变浅。

② 果园覆草方法

a. 一般在土壤化冻后进行，也可在草源充足的夏季覆盖。

b. 覆草厚度以20～30厘米为宜。

c. 全园覆草不利于降水尽快渗入土壤，降水蒸发消耗多，生产中提倡树盘覆草。覆草前在两行树中间修30～50厘米宽的畦埂或作业道，树畦内整平使近树干处略高，盖草时树干周围留出大约20厘米的空隙。

③ 果园覆草注意事项

a. 覆草前翻地、浇水，碳氮比大的覆盖物，要增施氮肥，满足微生物分解有机物对氮肥的需要；过长的覆盖物，如玉米秸、高粱秸等要切短，段长40厘米左右。

b. 覆草后在草上星星点点压土，以防风刮和火灾，但切勿在草上全面压土，以免通气不畅。

c. 果园覆草改变了田间小气候，使果园生物种群发生变化，如树盘全铺麦草或麦糠的果园玉米象对果实的为害加重，应注意防治；覆草后不少害虫栖息草中，应注意向草上喷药。

d. 秋季应清理树下落叶和病枝，防治早期落叶病、潜叶蛾、

炭疽病等发生。

e. 果园覆草应连年进行，至少保持 5 年以上才能充分发挥覆盖的效应。在覆盖期间不进行刨树盘或深翻扩穴等工作。

f. 连年覆草会引起果树根系上移，分布变浅，覆草的果园不易改用其他土壤管理方法。

4. 免耕法

果园利用除草剂防除杂草，土壤不进行耕作，可保持土壤自然结构、节省劳力、降低成本。

果园免耕，不耕作、不生草、不覆盖，用除草剂灭草，土壤中有机质的含量得不到补充而逐年下降，造成土壤板结。但从长远看，免耕法比清耕法土壤结构好，杂草种子密度减少，除草剂的使用量也随之减少，土壤管理成本降低。

免耕的果园要求土层深厚，土壤有机质含量较高；或采用行内免耕，行间生草制；或行内免耕，行间覆草制；或免耕几年后，改为生草制，过几年再改为免耕制。

七、果园土壤一般管理

1. 耕翻

耕翻最好在秋季进行。秋季耕翻多在果树落叶后至土壤封冻前进行，可结合清洁果园，把落叶和杂草翻入土中。即减少了果园病源和虫源，又可增加土壤有机质含量。也可结合施有机肥进行，将腐熟好的有机肥均匀撒施入，然后翻压即可。耕翻深度为 20 厘米左右。

2. 中耕除草

中耕的目的是消除杂草以减少水分、养分的消耗。中耕次数应根据当地气候特点、杂草多少而定。在杂草出苗期和结籽期进行除草效果较好，能消灭大量杂草，减少除草次数。中耕深度一般为 6～10 厘米，过深伤根，对果树生长不利，过浅起不到中耕的作用。

3. 化学除草

指利用除草剂防除杂草。可将药液喷撒在地面或杂草上除草，简单易行，效果好。选用除草剂时，应根据果园主要杂草种类选用，结合除草剂效能和杂草对除草剂的敏感度和忍耐力，确定适宜浓度和喷洒时期。喷洒除草剂前，应先做小型试验，然后再大面积应用。

4. 地膜覆盖

（1）作用

① 树下覆膜能减少水分蒸发，提高根际土壤含水量，盆状覆膜具有良好的集水作用。

② 提高早春土壤温度，促进根系生理活性和微生物活动，加速有机质分解，增加土壤肥力。

③ 减少部分越冬害虫出土为害。

④ 促进果实成熟和抑制杂草生长。

（2）地膜覆盖注意事项

① 覆透明膜由于膜下温度、湿度适宜，膜内往往杂草丛生，在覆膜前平整土地后用西玛津等除草剂处理。覆盖黑色地膜或除草地膜不用除草剂也可控制杂草生长。

② 无公害果园应尽量用可降解地膜，或在应用农膜后捡净地膜的残物。

③ 为降低成本，可结合行间生草或免耕进行行内覆膜。

④ 早春覆膜后，萌芽早、开花早，要预防晚霜为害。

⑤ 夏季覆膜，有膜部位地温高，不利于根系生长，一般要在膜上撒些土或盖适量的杂草。

⑥ 覆膜后加快了有机质的分解，长期覆膜降低土壤肥力，采用地膜覆盖技术的果园，要增施有机肥和矿质肥料。

第三节　施肥技术

一、施肥依据

1. 形态诊断

是根据果树的外部形态，判断某些营养元素的丰歉，指导施

肥。这要求果树经营者具有丰富的经验。一般，叶片大而多，叶厚而浓绿，枝条粗壮，芽体饱满，结果均匀，品质优良，丰产稳产者，是营养正常，否则应查明原因，采取措施加以改善。现将常见的核桃缺素症和毒害症描述如下，以供实际诊断中参考。

（1）氮　一般缺氮的植株生长期开始叶色较浅，叶片稀少而小，叶子变黄，常提前落叶，新梢生长量降低，严重者植株顶部小枝死亡，产量明显下降。但在干旱和其他逆境下，也可能发生类似现象。

（2）磷　缺磷时，树体一般很衰弱，叶子稀疏，小叶片比正常叶略小，叶片出现不规则的黄化和坏死，落叶提前。

（3）钾　缺钾症状多表现在枝条中部叶片上，开始叶片变灰白（类似缺氮），然后小叶叶缘呈波状内卷，叶背呈现淡灰色（青铜色），叶子和新梢生长量降低，坚果变小。

（4）钙　缺钙时根系短粗、弯曲，尖端不久褐变枯死。地上部首先表现在幼叶上，叶小、扭曲、叶缘变形，并经常出现斑点或坏死，严重的枝条枯死。

（5）铁　缺铁时幼叶失绿，叶肉呈黄绿色，叶脉仍为绿色，严重缺铁时叶小而薄，呈黄白或乳白色，甚至发展成烧焦状和脱落。铁在树体内不易移动，因此最先表现缺铁的是新梢顶部的幼叶。

（6）锌　缺锌时表现为枝条顶端的芽萌芽期延迟，叶小而黄，呈丛生状，被称为小叶病，新梢细，节间短。严重时叶片从新梢基部向上逐渐脱落，枝条枯死，果实变小。

（7）硼　缺硼时树体生长迟缓，枝条纤细，节间变短，小叶呈不规则状，有时叶小呈萼片状，严重时顶端抽条死亡。硼过量可引起中毒，症状首先表现在叶尖，逐渐扩向叶缘，使叶组织坏死。严重时，坏死部分扩大到叶内缘的叶脉之间，小叶的边缘上卷，呈烧焦状。

（8）镁　镁是叶绿素的主要组成元素。缺镁时，叶绿素不能形成，表现出失绿症，首先在叶尖和两侧叶缘处出现黄化，并逐渐向叶柄基部延伸，留下V形绿色区，黄化部分逐渐枯死呈深棕色。

（9）锰　缺锰时，表现有独特的褪绿症状，失绿是在脉间从主脉向叶缘发展，褪绿部分呈肋骨状，梢顶叶片仍为绿色。严重时，叶子变小，产量降低。

（10）铜　缺铜时，新梢顶端的叶子先失绿变黄，后出现烧焦状，枝条轻微皱缩，新梢顶部有深棕色小斑点。果实轻微变白，核仁严重皱缩。

2. 营养诊断

营养诊断能及时准确地反映树体营养状况，不仅能查出肉眼见到的症状，分析出多种营养元素的不足或过剩，分辨两种不同元素引起的相似症状，且能在症状出现前及早测知。借助营养诊断可及时施加适宜的肥料种类和数量，以保证果树的正常生长与结果。

营养诊断是按统一规定的标准方法测定叶片中矿质元素的含量，与叶分析的标准值（表 6-3）比较确定该元素的盈亏，再依据当地土壤养分状况（土壤分析）、肥效指标及矿质元素间的相互作用，制定施肥方案和肥料配比，指导施肥。

表 6-3　核桃叶片矿质元素含量标准值

元　素		缺乏	适生范围	中毒
常量元素（占干重百分比）/%	N	＜2.1	2.2～3.2	
	P		0.1～0.3	
	K	＜0.9	＞1.2	
	Ca		＞1.0	
	Mg		＞0.3	
	Na			＞0.1
	Cl			＞0.3
干物质微量元素含量/（毫克/千克）	B	＜20		＞300
	Cu			
	Mn			
	Zn	＜18		

二、肥料种类

1. 有机肥料

有机肥料是指肥料中含有较多有机物的肥料。有机肥料是迟效

性肥料，在土壤中逐渐被微生物分解，养分释放缓慢，肥效期长，有机质转变为腐殖质后，能改善土壤的理化性质，提高土壤肥力，其养分比较齐全，属完全性肥料，是果树的基本肥料。一般做基肥使用，施入果树根系集中分布层。

2. 化学肥料

又称无机肥料，成分单纯，某种或几种特定矿质元素含量高，肥料能溶解在水里，易被果树直接吸收，肥效快，但施用不当，可使土壤变酸、变碱，土壤板结。一般做追肥用，应结合灌水施用。在化肥中按所含养分种类又分为氮肥、磷肥、钾肥、钙镁硫肥、复合肥料、微量元素肥料等。

（1）氮肥　常用的氮肥有尿素、氨水、碳酸氢铵、硝酸铵、磷酸铵、磷酸二氢铵、磷酸氢二铵等。

尿素含氮量42%～46%。尿素适用于各种土壤和植物，对土壤没有任何不利的影响，可用作基肥、追肥或叶面喷施。

氨溶于水即成为氨水，含氮量12%～17%，极不稳定，呈碱性，有强烈的腐蚀性。氨水适用于各种土壤，可作基肥和追肥。施用时必须坚持“一不离土，二不离水”的原则。

碳酸氢铵简称碳铵，含氮量17%左右。碳铵适用于各种土壤，宜作基肥和追肥，应深施并立即覆土，切忌撒施地表，其有效施用技术包括底肥深施、追肥穴施、条施、秋肥深施等。

硫酸铵简称硫铵，含氮量20%～21%。硫铵适用于各种土壤，可作基肥、追肥和种肥。酸性土壤长期施用硫酸铵时，应结合施用石灰，以调节土壤酸碱度。

（2）磷肥　常用的磷肥有过磷酸钙、重过磷酸钙、钙镁磷肥、磷矿粉等。

过磷酸钙又称普钙。可以施在中性、石灰性土壤上，可作基肥、追肥，也可作根外追肥。注意不能与碱性肥料混施，以防酸碱性中和，降低肥效。主要用在缺磷土壤上，施用要根据土壤缺磷程度而定，叶面喷施浓度为1%～2%。

重过磷酸钙又称重钙。重钙的施用方法与普钙相同，只是施用量酌减。在等磷量的条件下，重钙的肥效一般与过磷酸钙相差无几。

钙镁磷肥适用于酸性土壤，肥效较慢，作基肥深施比较好。与过磷酸钙、氮肥不能混施，但可以配合施用，不能与酸性肥料混施，在缺硅、钙、镁的酸性土壤上效果好。

磷酸一铵和磷酸二铵是以磷为主的高浓度速效氮、磷二元复合肥，适用于各种土壤，主要作基肥。

(3) 钾肥　常用的钾肥有硫酸钾、窑灰钾肥等。

硫酸钾含氧化钾 50%～52%，为生理酸性肥料，可作种肥、追肥和底肥、根外追肥。

窑灰钾肥是热性肥料，可作基肥或追肥，适宜用在酸性土壤上，施用时应避免与根系直接接触。

(4) 复合肥料　凡含有氮、磷、钾三种营养元素中的两种或两种以上元素的肥料总称复合肥。含两种元素的叫二元复合肥，含三种元素的叫三元复合肥。复合肥肥效长，宜做基肥。若复合肥施用过量，易造成烧苗现象。

复合肥具有物理性状好、有效成分高、储运和施用方便等优点，且可减少或消除不良成分对果树和土壤的不利影响。

常用的复合肥有磷酸一铵、磷酸二铵、硝酸磷肥、磷酸二氢钾及多种掺混复合肥。

(5) 微量元素肥料　微量元素肥料（微肥）是提供植物微量元素的肥料，如铜肥、硼肥、钼肥、锰肥、铁肥和锌肥等都称为微肥。

常用的微肥有硫酸锌、硫酸亚铁、硫酸锰、硼砂、钼酸铵等。

3. 生物肥料

是指一类含有大量活的微生物的特殊肥料。生物肥料施入土壤中，大量活的微生物在适宜条件下能够积极活动，有的可在果树根系周围大量繁殖，发挥自生固氮或联合固氮作用；有的还可分解磷、钾矿质元素供给果树吸收或分泌生长激素刺激果树生长。所以生物肥料不是直接供给果树需要的营养物质，而是通过大量活的微生物在土壤中的积极活动来提供果树需要的营养物质或产生激素来

刺激果树生长。

由于大多数果树的根系都有菌根共生现象，果树根系的正常生长需要与土壤中的有益微生物共生，互惠互利。一方面，有些特定的微生物在代谢过程中产生生长素和赤霉素类物质，能够促进果树根系的生长；另一方面，也有些种类的微生物能够分解土壤中被固定的矿质营养元素，如磷、钾、铁、钙等，使其成为游离状态，能顺利地被根系吸收和利用。有益微生物也能从根系内吸收部分糖和有机营养，供自身代谢和繁殖需要，形成共生关系。因此为了促进果树根系的发育和生长，生产上要求果园有必要每年或隔年施入一定量的腐熟有机肥（含大量有益微生物）或生物肥。

生物肥料的种类很多，生产上应用的主要有根瘤菌类肥料、固氮菌类肥料、解磷解钾菌类肥料、抗生菌类肥料和真菌类肥料等。这些生物肥料有的是含单一有效菌的制品，也有的是将固氮菌、解磷解钾菌复混制成的复合型制品，目前市场上大多数制品都是复合型的生物肥料。

使用生物肥料应注意以下问题。

① 产品质量。检查液体肥料的沉淀与否、浑浊程度；固体肥料的载体颗粒是否均匀，是否结块；生产单位是否正规，是否有合格证书等。

② 及时使用、合理施用。生物肥料的有效期较短，不宜久存，一般可于使用前2个月内购回，若有条件，可随购随用。还应根据生物肥料的特点并严格按说明书要求施用，须严格操作规程。喷施生物肥时，效果在数日内即较明显，微生物群体衰退很快，应予及时补施，以保证其效果的连续性和有效性。

③ 注意储存环境，注意与其他药、肥分施。不得阳光直射，避免潮湿，干燥通风等。在没有弄清其他药、肥的性质以前，最好将生物肥料单独施用。

三、施肥量

生产中施肥量的确定，主要依据产量和肥料试验的经验等。一般幼树吸收氮量较多，对磷和钾的需求量偏少。随树龄增长，进入结果期以后，对磷、钾的需要量相应增加，所以幼树应以施氮肥为主，成龄树则应在施氮肥的同时，注意增施磷、钾肥。

幼树施肥量可参照如下标准。

(1) 晚实核桃　在中等土壤肥力条件下，按树冠垂直投影面积(或冠幅面积) 每平方米计算，在结果前的1～5年间，每平方米树冠投影面积年施肥量(有效成分)为，氮素50克、磷和钾各10克；进入结果期的6～10年生树，每平方米树冠投影面积施氮素50克、磷和钾各20克、有机肥5千克。

(2) 早实核桃　一般从栽植第二年开始结果，为了确保树体与产量的同步增长，施肥量应高于晚实核桃。根据近年来各地的施肥经验，一般1～10年生，每平方米树冠投影面积施氮素50克、磷和钾各20克、有机肥5千克。

成年树施肥量在参考施肥标准时，应适当增加磷、钾肥的施用量，一般按有效成分计，其氮、磷、钾的配比为2∶1∶1。

四、基肥和追肥

核桃的施肥分为基肥和追肥。

1. 基肥

基肥是以有机肥料为主、能较长时期供给核桃多种养分的基础肥料，如腐殖酸类肥料、堆肥、厩肥、圈肥、粪肥、绿肥、鱼肥、血肥、作物秸秆、杂草、枝叶等。基肥经过在土壤中腐熟分解，不断供给核桃生长和结果所需的大量元素和微量元素，而且能增加土壤孔隙度，改善土壤的水、肥、气、热状况，有利于微生物活动。

基肥以有机肥为主，其用量是每生产1千克核桃施入5千克有机肥，混入适量磷、钾肥。一般幼树每株20～30千克有机肥，初结果树每株30～50千克，盛果期树每株50～80千克。同时配合施用2～5千克过磷酸钙。基肥用量占全年施肥有效成分的30%以上。

基肥一般在秋季果实采收后至叶片变黄以前(9月中旬至11

月上旬）结合秋季深翻进行。此期施基肥使基肥在当年有充分的时间释放养分，促进树体吸收利用，充分发挥肥效。

我国根据核桃树的生长发育状况及土壤肥力不同，提出了早实和晚实核桃的基肥参考施肥量。按树冠垂直投影（或冠幅）面积计算，晚实核桃栽植后1～5年，每平方米年施有机肥（厩肥）5千克；早实核桃1～10年，每平方米施有机肥5千克；20～30年生核桃树每株有机肥的用量一般不低于200千克。如土壤等条件较差、树的长势较弱且产量较高时，应适当增加基肥的用量。

肥源不足的地区可广泛种植和利用绿肥，绿肥的种类可根据当地的条件选择，常用的绿肥有紫穗槐、草木樨、沙打旺、毛叶苕子、田菁等。

基肥一般在秋季施入，秋季来不及施入的可在春季施入。幼龄核桃园可结合隔行深翻或全园深翻的方法施入基肥，成龄园可采用全园撒施后浅翻土壤的方法施入基肥，施入基肥后灌1次透水。此法简便易行，缺点是施肥部位较浅，容易造成根系上返。

2. 追肥

追肥是在树体生长发育需要时及时补充的速效性肥料。追肥可供给树体当年生长发育所需的营养，既有利于当年壮树高产和优质，又给来年生长结果打下基础。

（1）追肥量的确定　核桃追施肥量因树龄、树势、品种、土壤和肥料的不同而不同。目前，我国核桃仍主要靠经验来确定施肥种类和施肥量。生长较旺的幼树应少施氮肥，多施磷、钾肥，以控制枝条旺长，促进枝芽成熟，增强抗逆性，提早进入结果期。生长较弱的盛果期树应适当增加氮肥和钾肥用量，使氮、磷、钾比例适当，保证大量结果和生长发育需要。进入衰老期的大树应多施氮肥，以复壮树势，延长结果年限。

我国晚实核桃每平方米树冠投影或冠幅面积的参考追肥量为氮素50克、五氧化二磷和氧化钾各10克。进入结果期的6～10年生树，每平方米树冠投影面积施氮素50克、五氧化二磷和氧化钾各20克。1～10年生早实核桃，每平方米树冠投影面积施氮素50克、五氧化二磷和氧化钾各20克。核桃进入盛果期后，追肥量应随树龄和产量的增加而增加。

(2)追肥次数和时期　追肥次数和时期与气候、土质、树龄、树势等有关。施肥时期应根据核桃不同物候期的需肥特点和土壤中营养元素的变化规律以及不同肥料的性质来确定。高温多雨地区或砂质土壤肥料易流失，追肥宜少量多次，反之追肥次数可适当减少。幼树追肥次数宜少，随树龄增加和结果量的增多，树势逐渐衰弱，追肥次数也应增多，以缓解生长和结果的矛盾。核桃幼树一般每年追肥2～3次，成年树追肥3～4次。

① 第一次追肥　以速效性氮肥为主，如尿素、硫酸铵、硝酸铵等。早实核桃在雌花开花以前、晚实核桃在展叶初期施入，主要作用是促进开花、坐果，有利于新梢生长发育。进入盛果期的核桃树，一定要在春季萌芽前追施速效性氮肥和磷肥，且施肥量应占全年追肥量的50%以上。

盛果期核桃树如果前期营养供应不足，会阻碍树体的生长发育，影响开花与坐果。

② 第二次追肥　早实核桃在雌花开花以后、晚实核桃在核桃展叶末期施入。主要作用是促进果实的发育和膨大，减少落果，有利于枝条的生长和木质化。此次追肥以氮肥为主，配合适量的磷、钾肥。施肥量占全年追肥量的30%。

③ 第三次追肥　结果期核桃树在6月下旬硬核后进行追肥，可以供给种仁发育所需要的大量养分，提高坚果的品质，又可促进花芽分化，为第二年结果打下基础。此次追肥以磷、钾肥为主，配合少量氮肥。其追肥量可占全年追肥量的20%。

3. 根外追肥

根外追肥是通过叶片或枝条快速补充某种矿质元素的追肥方式，是一种经济有效的施肥方法，以叶面喷肥为主。

(1) 优点　根外追肥用肥量小，见效快，利用率高，可与多种农药混合喷施，特别是在树体出现缺素症时，或为补充某些容易被土壤固定的元素，通过根外追肥可以收到良好的效果，对缺水少肥

地区尤为实用。

(2) 叶面喷肥的种类和浓度 尿素0.2%～0.3%、过磷酸钙0.3%～0.4%、硫酸钾0.2%～0.3%（或1.0%的草木灰浸出液）、磷酸二氢钾0.2%～0.3%、硼酸0.1%～0.2%、硫酸锰0.05%～0.1%。根外追肥总原则是生长前期应稀些，后期可浓些。

(3) 叶面喷肥时期 可在花期、新梢速长期、花芽分化期及采收后进行，特别是雌花初期喷施0.2%～0.3%磷酸二氢钾和0.2%～0.3%尿素，能明显提高坐果率。喷肥宜在上午10时以前或下午4时以后进行，阴雨天或大风天气不宜喷肥。注意叶面喷肥不能代替土壤施肥，二者结合起来才能收到良好效果。

五、施肥方法

1. 放射沟施肥

以树干为中心，距树干一定距离由内向外挖4～8条沟施肥，沟宽30～60厘米，深30～60厘米，长度视树冠的大小而定，一般1～2米。沟的深度内浅外深，宽度由内向外逐渐加宽。施肥沟的位置逐年更换。此法伤根少，多用于成年大树。

2. 环状沟施肥

在树冠投影外缘挖环状沟或挖间断的环状沟，宽、深各40～60厘米，然后将表土与肥料混合施入沟底，再用行间表土填满沟，心土撒于行间。一般用于施基肥，可结合扩穴深翻使用，多用于幼树和山地核桃园。

3. 条状沟施肥

在行间或株间开长沟施肥，施肥沟在树冠投影边缘向内，挖宽、深各40～60厘米的平行沟，第二年挖沟的位置换到另外两侧。沟的长度依树冠大小而定，幼树一般长1～3米，常用于施基肥。

4. 穴状施肥

在干旱地区或山地核桃园，以树干为中心，从树干半径的1/2开始，挖4～8个小穴，深、宽各30～40厘米，穴的分布要均匀，将肥料直接施入穴中，灌水，并覆盖地膜。此法多用于追肥。

5. 全园撒施

适用于平地成龄核桃园。先将肥料均匀撒入全园，然后浅翻。此法简便易行，其缺点是施肥量大，经常撒施易引起根系上翻。

以上几种方法在施肥后应立即浇水，以增加肥效。

第四节　灌水、排涝

核桃需水较多，水分不足不仅会严重影响树体的生长发育，还会影响花芽分化与坚果产量。

我国年降水量600～800毫米且分布均匀的地区，基本可以满足核桃的生长发育。我国南方绝大多数核桃产区的年降水量在1000毫米以上，除干旱年份一般不需要浇水。北方地区年降水量多在500毫米左右，且分布不均匀，多表现为春季干旱少雨，应适时灌水。研究表明，当田间土壤最大持水量低于60%（土壤绝对含水量低于8%）时，需要及时灌水。

一、灌水时期

灌水时期应根据核桃对水分的需要及当地的水源条件、气候条件加以确定。

（1）萌芽前后　北方地区3月下旬到4月上旬，核桃要完成萌芽、抽枝、展叶和开花等，需要充足的水分供应，此时正值北方春旱季节，如土壤墒情较差，应及时进行灌水。

（2）花芽分化前　北方地区5～6月，是雨季到来前的缺水干旱季节。此时正值果实膨大和速长期，其生长量达全年的80%以上，而且雌花芽已开始生理分化，树体的生理代谢最旺盛，水分不足，不仅会导致大量落果，还会影响花芽分化。此期少雨干旱，应及时灌水。

（3）果实采收后　10月下旬至落叶前，可结合秋施基肥灌足灌透，既有利于基肥腐烂分解，又有利于受伤根系的恢复和树体储藏营养，为来年萌芽、开花和结果奠定营养基础。水源充足的地区

还可在土壤结冻前再灌1次冻水，对树体越冬抗寒非常有利。

二、灌水量

最适宜的灌水量，应在一次灌溉中，使果树根系分布范围内的土壤湿度达到最有利于核桃生长发育的程度。一般一次灌透需要浸润土层1米以上。可根据土壤持水量、灌溉前土壤湿度、土壤容重、要求土壤浸润的深度，计算出一定面积的灌水量。即

灌水量＝灌溉面积×土壤浸润程度×土壤容重×（田间持水量－灌溉前土壤湿度）

三、灌水方法

我国核桃的灌溉方法主要有沟灌、畦灌和盘灌三种。其中沟灌用水经济，可防止土壤结构的破坏，有利于土壤微生物的活动，便于机械化耕作；畦灌方法简便，缺点是易使土壤板结；盘灌用水较经济，但浸润土壤的范围较小，且仍有使土壤板结和破坏土壤结构的缺点。对于水源缺乏的地区可采用穴灌。有条件的果园可采用喷灌、滴灌或渗灌。

四、排涝

我国绝大多数核桃产区在山区和丘陵地区，自然排水良好。对于平地和自然排水不良的低洼地区，应注意在雨季及时排水。

第七章　核桃树整形修剪技术

第一节　整形修剪的原理及作用

一、整形修剪的概念

1. 整形

是指从核桃幼树定植后开始，把每一株树都剪成既符合其生长结果特性，又适应于不同栽植方式、便于田间管理的树形，直到树体的经济寿命结束。

整形的主要内容包括以下三方面。

（1）主干高低的确定　主干是指从地面开始到第一主枝的分枝处的高度。主干的高低与树体的生长速度、增粗速度呈反相关关系。栽培生产中，应根据核桃树建园地点的土层厚度、土壤肥力、土壤质地、灌溉条件、栽植密度、生长期温度高低、管理水平等方面进行综合考虑。一般情况下，有利于树体生长的因素越多，定干可高些，反之则低些。

（2）骨干枝的数目、长短、间隔距离　骨干枝是指构成树体骨架的大枝（主枝和大的侧枝），选留的原则是，在能充分满足占满空间的前提下，大枝越少越好，修剪上真正做到“大枝亮堂堂，小枝闹攘攘”；主枝的长度应以行距的一半为宜，避免交叉，同时利于通风透光，为果园管理和田间作业提供方便；主枝间隔距离应掌握主枝越大，间隔距离越大，反之则相反的原则。

（3）主枝的伸展方向和开张角度的确定　主枝应该尽量向行间延伸，避免向株间方向延伸，以免造成郁闭和交叉，主枝的开张角

度应根据密度来确定，密度越大，开张角度应该加大，密度小则角度应小，目的是有利于控制树冠的大小。

2. 修剪

修剪就是在核桃树整形过程中和完成整形后，为了维持良好的树体结构，使其保持最佳的结果状态，每年都要对树冠内的枝条，冬季适度地进行疏间、短截和回缩，夏季采用拉枝、疏枝、摘心等技术措施，以便在一定形状的树冠上，使其枝组之间新旧更替，结果不绝，直到树体衰老不能再更新为止，这就叫修剪。

二、核桃树整形修剪的目的

整形修剪的目的是为了使果树早结果、早丰产，延长其经济寿命，同时获得优质的果品，提高经济效益，使栽培管理更加方便省工。具体说有以下几点。

1. 通过修剪完成果树的整形

果树通过修剪，使其有合理的干高，骨干枝分布均匀，伸展方向和着生角度适宜，主从关系明确，树冠骨架牢固，与栽培方式相适应，为丰产、稳产、优质打下良好的基础。同时通过修剪使树冠整齐一致，每个单株所占的空间相同，能经济地利用土地，并且便于田间的统一管理。

2. 调节生长与结果的关系

果树生长与结果的矛盾是贯穿于其生命过程中的基本矛盾。从果树开始结果以后，生长与结果多年同时存在，相互制约，对立统一，在一定条件下可以相互转化，修剪主要是应用果树这一生物学特性，对不同品种、不同树龄、不同生长势的树，适时、适度地做好这一转化工作，使生长与结果建立起相对的平衡关系。

3. 改善树冠光照状况，加强光合作用

果树所结果实中，90%～95%的有机物质都来自光合作用，因此要获得高产，必须从增加叶片数量、叶面积系数、延长光合作用时间和提高叶片光合率4个方面入手。整形修剪就是在很大程度上对上述因素发生直接或间接的影响。例如选择适宜的矮、小树冠，合理开张骨干枝角度，适当减少大枝数量，降低树高，拉大层间距，控制好大枝组等，都有利于形成外稀里密、上疏下密、里外透光的良好结构。另外，可以结合枝条变向，调整枝条密度，改善局部或整体光照状况，从而使叶片光合作用效率提高，有利于成花和提高果实品质。

4. 改善树体营养和水分状况，更新结果枝组，延长树体衰老

整形修剪对果树的一切影响，其根本原因都与改变树体内营养物质的产生、运输、分配和利用有直接关系。如重剪能提高枝条中水分含量，促进营养生长，扭梢、环剥可以提高手术部位以上的碳水化合物含量，从而使碳氮比增加，有利于花芽形成。通过对结果枝的更新，做到“树老枝不老”。

总之，整形与修剪可以对果树产生多方面的影响，不同的修剪方法，有不同的反应，因此，必须根据果树生长结果习性，因势利导，恰当灵活地应用修剪技术，使其在果树生产中发挥积极的作用。

三、修剪对果树的作用

修剪技术是一个广义的概念，不仅包括修剪，还包括许多作用于枝、芽的技术，如环剥、拉枝、摘心、环刻、环剥等技术工作。

整形修剪应可调整树冠结构的形成，果园群体与果树个体以及个体各部分之间的关系。而其主要作用是调节果树生长与结果。

1. 修剪对幼树的作用

修剪对幼树的作用可以概括成 8 个字，即整体抑制，局部促进。

(1) 局部促进作用　修剪后，可使剪口附近的新梢生长旺盛，叶片大，色泽浓绿。原因有以下几点。

① 修剪后，由于去掉了一部分枝芽，使留下来的逢生组织，如芽、枝条，得到的树体储藏养分相对增多。根系、主干、大枝是储藏营养的器官，修剪时对这些器官没影响，剪掉一部分枝后，使储藏养分与剪后分生组织的比例增大，碳氮比及矿质元素供给增

加，同时根冠比加大，所以新梢生长旺，叶片大。

② 修剪后改变了新梢的含水量。据研究，修剪树的新梢、结果枝的含水量都有所增加，未结果的幼树水分增加得更多。水分改善的原因有：根冠比加大，总叶面积相对减少，蒸腾量减少，生长前期最明显；水分的输导组织有所改善，因为不同枝条中输导组织不同，导水能力也不同，短枝中有网状和孔状导管，导水力差，剪后短枝减少，全树水分供应可以改善，长枝有环纹或罗纹导管，导水能力强，但上部导水能力差，剪掉枝条上部可以改善水分供应。因此在干旱地区或干旱年份修剪应稍重一些，可以提高果树的抗旱能力。

③ 修剪后枝条中促进生长的激素增加。据测定，修剪后的枝条内细胞激动素的活性比不修剪的高 90%，生长素高 60%，这些激素的增加，主要出现在生长季，从而促进新梢的生长。

(2) 整体抑制作用　修剪可以使全树生长受到抑制，修剪后剪掉了一部分枝条，表现为总叶面积减少，树冠、根系分布范围减少，修剪越重，抑制作用越明显。其原因有，修剪剪去了一部分同化养分，1 亩核桃修剪后，剪去纯氮 2.7 千克、磷 0.46 千克、钾 2.1 千克，相当于全年吸收量的 4%～6%，很多碳水化合物被剪掉了；修剪时剪掉了大量的生长点，使新梢数量减少，因此叶片减少，碳水化合物合成减少，影响根系的生长，由于根系生长量变小，从而抑制地上部生长；伤口的影响，修剪后伤口愈合需要营养物质和水分，因此对树体有抑制作用，修剪量愈大，伤口愈多，抑制作用越明显。所以，修剪时应尽量减少或减小伤口的数量和面积。

修剪对幼树的抑制作用也因不同地区而有差异，生长季长的地区抑制作用较轻，反之较重。

2. 修剪对成年树的作用

(1) 成年树的特点　成年树的特点是枝条分生级次增多，水分、养分输导能力减弱，加以生长点多，叶面积增加，水分蒸腾量大，水分状况不如幼树。由于大部分养分用于花芽的形成和结果，使营养生长变弱，生长和结果失去平衡，营养不足时，会造成大量落花落果，产量不稳定，优势逐年衰弱。

此外，成年树易形成过量花芽，过多的无效花和幼果白白消耗树体储藏营养，使营养生长减弱，随着树龄增长，树冠内出现秃壳现象，结果部位外移，坐果率降低，产量和品质降低，抗逆性下降。

（2）修剪的作用　修剪的作用主要表现在以下方面。

① 通过修剪可以把衰弱的枝条和细弱的结果枝疏掉或更新，改善了分生组织与储藏养分的比例，同时配合营养枝短截，这样改善水分输导状况，增加了营养生长势力，起到了更新的作用，使营养枝增多，结果枝减少，光照条件得到改善，所以成年树的修剪更多地表现为促进营养生长、协调树体生长和结果的平衡关系，因此，连年修剪可以使树体健壮，实现多年丰产的目的。

② 延迟树体衰老。利用修剪经常更新复壮枝组，可防止内膛秃裸，延迟衰老，对衰老树用重回缩修剪配合肥水管理，能使其促发新枝条，达到更新复壮，延长其经济寿命的目的。

③ 提高坐果率，增大单果重，改善果实品质。这种作用对水肥不足的树更明显。但在水肥充足的树上修剪过重，营养生长过旺，会降低坐果率，果实变小，品质下降。

修剪对成年树的影响时间较长，因为成年树中，树干、根系储藏营养多，对根冠比的平衡需要的时间长。

第二节　果树整形修剪的依据、时期及方法

一、整形修剪的依据

要搞好果树的整形修剪必须考虑以下几个因素。

1. 不同品种的特性

品种不同，其生物学特性也不同，如在萌芽率、成枝力、分枝角度、花芽形成难易、结果枝类型、中心干强弱以及对修剪敏感程

度等方面都有差异。因此，根据不同核桃品种的生物学特性，切实采取针对性的整形修剪方法，才能做到因品种科学修剪，发挥其生长结果特点。

2. 树龄和树势

树龄和树势虽为两个因素，但树龄和生长势有着密切关系，幼树至结果前期，一般树势旺盛，成枝力强，萌芽率低，而盛果期树生长势中庸或偏弱，萌芽率提高。前者在修剪上应做到小树助大，实行轻剪长放多留枝，多留花芽多结果，并迅速扩大树冠。后者要求大树防老，具体做法是适当重剪，适量结果，稳产优质。但也有特殊情况，成龄大树也有生长势较旺的。当然对于旺树，不管树龄大小，修剪量都要小一些，不过对于大树可采取其他抑制生长措施如环剥或叶面喷施生长抑制剂等。

3. 修剪反应

修剪反应是制订合理修剪方案的依据，也是检验修剪好坏的重要指标。因为同一种修剪方法，由于枝条生长势有旺有弱，状态有平有直，其反应也截然不同。怎么看修剪反应，要从两个方面考虑，一个是要看局部表现，即剪口、锯口下枝条的生长，成花和结果情况；另一个是看全树的总体表现，是否达到了你所要求的状况，调查过去哪些枝条剪错了，哪些修剪反应较好。因此，果树的生长结果表现就是对修剪反应客观而明确的回答。只有充分了解修剪反应之后，我们再进行修剪就会做到心中有数，做到正确修剪。

4. 自然条件和栽培管理水平

树体在不同的自然条件和管理条件下，果树的生长发育差异很大，因此修剪时应根据具体情况，如年均温度、降雨量、技术条件、肥水条件，分别采用适当的树形和修剪方法。如贫瘠、干旱地区的果园，树势弱、树体小、结果早，应采用小冠树形，定干低一些，骨干枝不宜过多、过长；修剪应偏重些，多截少疏，注意复壮树势，保留结果部位。在肥、水条件好的果园，加之高温、多湿、生长期长，土层深厚，管理水平低的果园，果树发枝多，长势旺，应采用大、中树形，树干也应高一些，并且主枝宜少，层间应大，修剪量要轻，同时加强夏季修剪，促花结果，以果压冠和解决光照。

5. 果树的栽植方式与整形修剪也有关

密植园和稀植园相比，修剪时要做到树体要矮，树冠宜小，主枝应多而小，要注意以果压冠。稀植大冠树的修剪要求则正好相反。

二、修剪的时期和方法

（一）修剪的时期

近年来，随着核桃树管理水平的提高、技术的更新及对修剪认识的深入，对果树的整形修剪越来越引起广大果农的重视。果树一年四季都可进行修剪，但根据年周期的气候特点，果树修剪时期一般分为冬季（休眠期）修剪和夏季（生长期）修剪。

1. 冬季修剪

（1）时期　是指在果树落叶以后到萌芽以前，越冬休眠期进行的修剪，因此也叫休眠期修剪。优点是在这一时期，光合产物已经向下运输，进入大枝、主干及根系中储藏起来，修剪时养分损失少。虽然休眠期修剪造成的剪口会有伤流现象，但对树体影响不大，可放心进行。严寒地区，可在严寒后进行，对于幼旺树，也可在萌芽期修剪，以削弱其生长势。实验表明，幼树在萌芽期修剪提高萌芽率10%～15%。

（2）冬季修剪的主要任务　因核桃树的年龄时期而定，各有侧重点。

① 幼树期间，主要是完成整形，骨架牢固，快扩大树冠。

② 初结果树，主要是培养稳定的结果枝组。

③ 盛果期树修剪主要是维持和复壮树势，更新结果枝组，调整花、叶芽比例。

2. 夏季修剪

又叫生长期修剪，是指树体从萌芽后到落叶前进行的修剪。主要是解决一些冬季修剪不易解决的问题，如对旺长树、对徒长枝的

处理，早春抹芽、夏季摘心等，以及环剥、拉枝、拿枝等促花措施。

（二）修剪的方法

1. 冬季修剪的方法

（1）短截　就是把1年生枝条剪去一部分，距芽上方0.5～1.0厘米，短截对全枝或全树来讲是削弱作用，但对剪口下芽抽生枝条起促进作用，可以用于扩大树冠，复壮树势。枝条短截后可以促进侧芽的萌发，分枝增多，但新梢停长晚，碳水化合物积累少，含氮、水分过多冬季容易发生冻害或抽条。全树短截过多、过重，会造成膛内枝条密集，光照变差。不易形成花芽而延迟结果，旺树短截过多，常引起枝条徒长，影响成花、坐果。短截程度不同，反应也不同。一般短截越重，剪口下新梢生长越旺，短截轻则发枝多。总之，短截的反应是好芽发好枝。

① 轻截　只剪去枝条全枝长的1/4～1/5，剪后反应是剪口下形成一些较弱的中短枝，缓和树势，有利于成花、结果。

② 中截　在饱满芽处截，剪除全枝的1/2～1/3，剪口下发生中、长枝多，且生长势强，有利于生长和扩大树冠。

③ 重截　剪去枝条的2/3～3/4，只抽生1～2个强枝和1～2个中、短枝，目的是控制骨干枝、延长枝的竞争枝或培养大型结果枝组。

（2）疏间　将过密枝条或大枝从基部去掉的方法叫疏间。疏间一方面去掉了枝条，减少了制造养分的叶片，对全树和被疏间的大枝起削弱作用，减少树体的总生长量，且疏枝伤口越多，削弱伤口上部枝条生长的作用越大，对总体的生长削弱也越大；另一方面，由于疏枝使树体内的储藏营养集中使用，故也有加强现存枝条生长势的作用。

在扩冠期常用的疏间法主要有疏间直立枝留平斜枝、疏间强枝留弱枝、疏间弱枝留强枝、疏间轮生枝、疏间密挤枝等方法，以利于扩大树冠、平衡树势和提早结果。

疏间作用是，维持原来的树体结构；改善树冠内膛的光照条件，提高叶片光合效能，增加养分积累，有助于花芽形成和开花结果。

疏枝效果和原则：对全树起削弱作用，从局部来讲，可削弱剪口、锯口以上附近枝条的势力，增强伤口以下枝条的势力。剪口、锯口越大、越多，这种作用越明显；从整体看疏枝对全树的削弱作用的大小，要根据疏枝量和疏枝粗度而定。去强留弱或疏枝量越多，削弱作用越大，反之，去弱留强，去下留上则削弱作用小，要逐年进行，分批进行。

（3）回缩　对2年生以上的枝在分枝处将上部剪掉的方法叫回缩。此法一般能减少母枝总生长量，促进后部枝条生长和潜伏芽的萌发。回缩越重，对母枝生长抑制作用越大，对后部枝条生长和潜伏芽萌发的促进作用越明显。在生长季节进行回缩，对生长和潜伏芽萌发的促进作用减小。回缩用于控制辅养枝、培养枝组、平衡树势、控制树高和树冠大小、降低株间交叉程度、骨干枝换头、弱树复壮等。另外，对核桃的串花枝回缩可以提高坐果率。

（4）长放　对1年生长枝不剪，任其自然发枝、延伸称为长放或甩放、缓放。一般应用于处理核桃旺幼树或旺枝，可使旺盛生长转变为中庸生长，增加枝量，缓和生长势，促进成花结果。长放平斜旺枝效果较好，长放直立旺枝时，必须压成平斜状才能取得较好的效果。为了多出枝，克服长放枝条下部光秃的现象，迅速缓和生长势，在长放枝上配合刻芽、多道环刻和拉枝等措施效果更好。生长旺的长枝经多年长放成为长放结果枝组后，要通过回缩修剪培养成为长轴的健壮枝组。生长较弱的树或枝进行长放，其表现是越放越弱，不易成花结果，并加速衰弱。

2. 夏季修剪的方法

（1）花前复剪　就是在春季核桃树萌芽后至开花之前对树体进行的修剪。主要目的是通过疏除多余辅养枝、过密枝和细弱枝等，调整枝条、花芽的数量和比例，达到花芽数量适中、质量优良、分布均匀，以减少开花期树体营养消耗，提高坐果率，促进幼果发育，减少疏花疏果工作量，壮树增产。

花前复剪的对象主要是盛果期密闭果园大树、生长势旺的初结果树，以及发生冻害、雹灾、雪灾、水灾和严重落叶病的果园。

(2) 别枝、拉枝和软化　在发芽前后，将1年生以上的直立长放旺枝，从基部向下或左右弯曲，别在其他枝下叫别枝；若用绳等牵拉物下拉固定则为拉枝。二者都能起到增大分枝角度、控制枝条旺长及促进出枝的作用。

别枝和拉枝一般于4～5月份进行。主枝拉成60°～70°，辅养枝拉成水平。拉枝有利于降低枝条的顶端优势，提高枝条中下部的萌芽率，增加枝量及中短枝的比例，解决内膛光照及缓和树势、促进花芽形成等作用。

软化是指发芽后对较细的一、二年生直立长放枝，用手握住枝条自下而上多次移位并轻度折伤，使之向下或左右弯曲。也可在6～8月份对旺长新梢进行软化，加大角度，控制生长。软化能起到控制旺长和促发分枝的作用。

上述别枝、拉枝和软化等措施均可开张角度。此外，其他开张角度的方法还有棍撑、活支柱、开角器撑角和里芽外蹬等方法。

(3) 摘心　即摘掉新梢顶端的生长点。

作用机理是摘心去掉了顶端生长点和幼叶，使新梢内的GA、生长素含量急剧下降，失去了调动营养的中心作用，失去了顶端优势，使同化产物、矿质元素、水分的侧芽的运输量增加，促进了侧芽的萌发和发育，能促发多个分枝。同时摘心后，由于营养有所积累，因此，摘心后剩余部分叶片变大、变厚、光合能力提高，芽体饱满，枝条成熟快。

摘心的效果及应用如下。

① 摘心可以提高坐果率，促进果实生长和花芽分化，但必须在花芽分化的临界期（6月初）进行摘心才有效。

② 摘心可以促进枝条组织成熟，基部芽体饱满，摘心时期可在新梢缓和生长期进行，在新梢停长前15天效果更明显，可以防止果树由于旺长造成的抽条，使果树安全越冬。

③ 摘心可以促使二次梢的萌发，增加分枝级次，有利于加速

整形，但只适用于树势旺盛的树，进行早摘心、重摘心，能达到目的。

④ 摘心可以调节枝条生长势，核桃树上对竞争枝进行早摘心，可以促进延长枝的生长；对要控制其生长的其他枝条，可采用早摘心。

（4）环剥　是促使核桃幼树早结果、早丰产的主要措施之一。在树干或大枝上，绕干或枝刻伤两道，道间距为树皮的厚度，0.1～0.5厘米，深达木质部，将刻口间的树皮剥下称为环剥。环剥能在一段时间内切断同化营养物质向下运输的路线，减少供给根系的营养物质，抑制根系的生长，从而缓和生长势。同时使剥口以上的部分获得较多的营养，提高碳氮比水平，且环剥能促发内源乙烯的产生，因此，环剥有利于花芽的形成，在盛花期至落花后5天环剥还有控制新梢生长和提高坐果率的作用。环剥时应注意以下问题。

① 环剥的对象　环剥适用于核桃旺幼树或已结果的壮树，如“清香”等生长旺、成花难的品种。对于弱树、病树、盛果期的大树不宜采用，否则造成生长势极度衰弱，引起腐烂病发生。辽核系列品种易成花，愈合组织生长慢，也不宜使用环剥技术。

② 环剥的时期　环剥的时期不同，效果也不同。盛花期至落花后5天环剥有抑制生长、促进花芽形成和提高坐果率的作用，在此阶段，环剥越早控制生长的作用越强。花后10～40天环剥只有促进花芽形成和控制生长的作用。

③ 环剥的次数　一般每年只进行1次。

④ 环剥的宽度及包扎物　主干环剥的宽度应等于树皮的厚度。剥后用纸条包扎剥口，以防虫害影响剥口愈合。剥后20天去掉纸条，并检查伤口愈合情况。若伤口没有愈合，可改用塑料布条包扎（禁用地膜）。用塑料布条包扎应注意伤口，一旦愈合需立即解除。

⑤ 环剥前后的管理　环剥前要浇1次水，以利剥皮，并避免剥掉的树皮带走过多的形成层细胞。环剥技术只能调整营养的分配，促进成花和坐果，不但不能增加树体营养，反而由于结果量的增加和对生长的抑制作用而降低树体的营养水平，因此环剥的树要

加强土、肥、水等综合管理。

（5）环刻　分为两种形式，一是主枝或主干环刻；二是长放枝条的多道环刻。

① 主枝或主干环刻　在主干或主枝的基部用刀刻伤一圈，深达木质部，即为主枝或主干环刻。刻口愈合需10天左右。环刻的时期、作用与环剥相同，唯强度较弱，一般品种环刻3次等于1次环剥。环刻时可根据树势强弱不同，每隔10天左右环刻1次，根据树势连续环刻2～3次，即可收到环剥的效果。

② 多道环刻　在1年生或2年生长放枝条上，从基部开始每隔20厘米左右环刻一圈，枝条顶部留35厘米左右不再刻伤。进行多道环刻的时期是春季发芽期至新梢开始生长期。多道环刻有促进新梢萌发和成花的作用，若加上主干环剥处理，成花效果更显著。

（6）化学控制生长　在新梢生长旺盛期，使用生长抑制剂能起到控长、促花作用。可于6月下旬到8月中旬喷200倍PBO或500～700倍多效唑，间隔1周，连续喷洒2～3次，可有效抑制新梢生长，同时还能促进营养物质的积累，有利于花芽分化和提高花芽质量。

第三节　核桃丰产树形

一、对丰产树形的要求

① 树冠紧凑，能在有效的空间，有效地增加枝量和叶片面积系数，充分利用光能和地力，发挥果树的生产潜能。

② 能使整个生命周期中经济效益增加，达到早果、丰产、优质高效、寿命长的目的。

③ 树形要适应当地的自然条件，适应市场对果品质量的要求。

④ 便于果园管理，提高劳动生产率。

二、树体结构因素分析

构成树体骨架的因素有树体大小、冠形、干高、骨干枝的延伸方向和数量。

1. 树体大小

树体大的优缺点是，树体大可充分利用空间，立体结果，经济寿命长，但成形慢，结果晚，成形后，枝叶相互遮阳严重，无效空间加大，产量和品质下降，操作费工。

树体小的优缺点是，树体小可以密植，提高早期土地利用率，成形快，冠内光照好，果实品质好，但经济寿命相对缩短。

2. 冠形

现在栽植的核桃树树形主要有一层一心形、主干疏层形、自然开心形、纺锤形等。

3. 干高

分为高、中、低三种，高干0.9～1.1米，中干0.7～0.9米，低干55～70厘米。低干是现在发展的趋势，低干缩短了根系与树叶的距离，树干养分消耗少，增粗快，枝叶多，树势强，有利于树体管理，有利于防风，干旱地区利于积雪保湿。

现在生产上一般采取幼树定干时低一些。随着树龄的增加，逐渐去除下层枝，使树干高度逐渐增加。这种方法叫“提干”（开心形除外）。栽培生产中应用时效果很好。

4. 骨干枝数量

主枝和侧枝统称为骨干枝，是养分运输、扩大树冠的器官。原则上在能够满足空间的前提下，骨干枝越少越好，但幼树期过少，短时间内，很难占满空间，早期光能利用率太低，到成龄大树时，骨干枝过多，则会影响通风透光。因此幼树整形时，树小时可多留辅养枝，树大时再疏去。

5. 主枝的分枝角度

主枝分枝角度的大小对结果的早晚、产量、品质有很大影响，是整形的关键之一。角度过小，表现出枝条生长直立，顶端优势强，易造成上强下弱势力，枝量小，树冠郁闭，不易形成花芽，易落果，早期产量低，后期树冠下部易光秃，同时角度太小易形成夹皮角，负载量过大时易劈裂。角度过大，主枝生长势弱，树冠扩大

慢，但光照好，易成花，早期产量高，树体易早衰。

第四节　核桃树主要应用树形

我国核桃生产中常见的树形主要有单层高位开心形（自然圆头形）、疏散分层形、自然开心形等。

1. 自然圆头形

本树形主要适用于中、小冠密植的核桃园。

（1）树体结构　主干高 0.6 米，基部 3～4 个主枝邻近排列，中心干向上每隔 20～30 厘米一个主枝，螺旋式插空排列在中心干上，全树共 6～8 个主枝，每主枝上着生 8～10 个结果枝组。从最上方一个主枝上方落头开心，中心干高 1.6～1.8 米。主枝基角 70°，长度 2 米左右。树高 3.5 米左右。此种树形适合生长势中等偏弱、早实、密植、管理水平高的核桃园，有利于早结果，提高品质、丰产、稳产。

（2）整形过程　第一年，苗木定植后，定干 90 厘米，从离地面 60 厘米开始见芽就刻，最上部 2 芽不刻。促发多个分枝。8 月中下旬，选择方位适宜、生长良好、健壮的新梢作为主枝，拉枝开角至 70°左右，在树冠周围均匀分布，除中心干延长枝外，其他枝全拉，当年可培养出主枝 2～3 个。冬季主枝不剪。至翌年 3 月下旬萌芽前，将中心干延长枝剪留 60～80 厘米。

第二年，春天萌芽前，从距主枝基部 20～30 厘米开始，每隔 20～30 厘米刻一个芽，主枝前端 1/3 左右不用刻。对于背上萌发的新梢，长度达到 30～40 厘米时，留 10～15 厘米摘心，以促发短枝、培养结果枝组，第二年可结果。两侧的新梢生长中庸的不摘心，过旺的进行摘心。每主枝上培养成 8～10 个枝组。8 月中下旬，将上部主枝拉枝开角至 75°左右，主枝数达到 4～5 个。至 2 月下旬萌芽前时，将中心干延长枝再剪留 50～70 厘米，由下至上每间隔 20～30 厘米插空刻 1 个芽。

第三年，春天萌芽前，继续对主枝刻芽、培养枝组。背上萌发的新梢，长度达到 30～40 厘米时留 10～15 厘米摘心。8 月中下旬，将上部主枝拉枝开角至 75°左右，主枝达到 6～8 个，至此树形基本成形。中心干延长枝缓放，促发短枝、成花结果。

2. 主干疏层形

本树形适用于肥水、土壤条件好的稀植树、散生树以及间作核桃园。

（1）树体结构　主干高 0.6～0.7 米，中心干上着生主枝 5～6 个，分为 2～3 层。主枝基角 60°～80°。第 1 层主枝 3 个，每主枝 2～3 个侧枝；第 2 层主枝 2 个，侧枝 1～2 个；第 3 层主枝 0～1 个，侧枝 1 个。主侧枝上着生结果枝组，层间距 1.2 米为宜。形成半圆形或圆锥形树冠。其特点是树冠半圆形、通风透光良好、主枝和主干结合牢固、枝条多、结果部位多、负载量大、产量高、寿命长，但盛果期后，树冠容易郁闭、内膛易光秃、产量下降。

（2）整形过程　第一年，栽植以后定干，高度 90 厘米，保证 60 厘米以上有 5～7 个好芽，通过刻芽促发多个分枝。

第二年，春季萌芽前，在主干上选留 3 个不同方位（水平夹角约 120°）、生长健壮的枝条，培养成第 1 层主枝，主枝基角不小于 60°，腰角 70°～80°，梢角 60°～70°，层内两主枝间距离不小于 20 厘米，避免轮生，以防主枝长粗后对中心干形成“卡脖”现象，除中心干外其余枝条全部疏除。有的树生长势差、发枝少，可分成 2 年培养。

第三～四年，第 1 层主枝开始选留侧枝，同时，在第一层以上 1.2 米左右，选两个方位好的健壮枝条作为第 2 层主枝来培养。如果只留 2 层，第 1 层和第 2 层之间的间距要加大，即 1.5 米左右。因为核桃喜光性强，且树冠高大、枝叶茂密，容易造成树冠内郁闭，所以要注意增加层间距。

第四～五年，继续培养第 1 层主枝上的侧枝和选留第 2 层主枝上的 1～2 个侧枝。

第五～六年，选留第 3 层主枝 0～1 个。第 3 层与第 2 层主枝间距 1.2 米左右，并从最上枝的上方落头开心。各层主枝上下错

开、插空选留，以免相互重叠。各级侧枝应交错排列，可充分利用空间，避免侧枝并生拥挤。侧枝与主枝的水平夹角以 45°～50°为宜，侧枝着生位置以背斜侧为好，切忌留背下枝，防治乱头现象。

定植 5～6 年后，树形结构已初步固定，但树冠层的骨架还未形成，每年应剪截各级枝的延长枝，促使分枝。7～8 年后，主、侧枝初步选取出，整形工作大体完成，在此之前，要调节各级骨干枝的生长势，过强的应加大基角，或疏除过旺侧枝，特别是控制竞争枝。中心干较弱时，可在中心干上多留辅养枝；生长势弱的骨干枝可抬高枝头，通过调整使树体各级主、侧枝长势均衡。

3. 自然开心形

本树形多用于中小冠密植园。

（1）树体结构　该树形无中央领导干，一般有 3～4 个主枝，每个主枝上着生 3 个左右侧枝。干高因品种和栽培管理条件不同而不同，在肥沃的土壤条件下，干性较强或直立型品种，干高为 0.8～1.0 米；早期密植丰产园，干高多为 0.5～0.7 米。主枝不分层，各主枝间的垂直距离为 10～20 厘米。该树形具有成形快、结果早、整形简便等特点，适合于树冠开张、干性较弱和密植栽培的早实型品种及土层较薄、肥水条件较差地区的晚实型品种。

根据主枝的多少，开心形可分为三大主枝和多主枝开心形，其中以三大主枝较常见。又依开张角度的大小可分为多干形、挺身形和开心形。

（2）整形过程　2 年生树在定干高度以上按不同方位留出 3～4 个枝条或以萌发的壮芽作主枝。各主枝基部的垂直距离一般 20～40 厘米，主枝可一次或二次选留，各相邻主枝间水平距离（或夹角）应一致或很相近，且生长势要一致。主枝选定后要选留一级侧枝，每个主枝可留 3 个左右侧枝，上下、左右要错开，分布要均匀。第一侧枝距离主干的距离 60 厘米左右。一级侧枝选定后，在较大的开心形树体中，可再在其上选留二级侧枝。第一主枝一级侧枝上的二级侧枝数 1～2 个，其上再培养结果枝组，这样可以增加结果部位，使树体丰满。第二主枝的一级侧枝数 2～3 个。该树形要特别注意调节各主枝间的平衡。

第五节　不同年龄时期的修剪

一、幼树

核桃幼树期修剪的主要目的是通过冬季和夏季修剪，培养出良好的树形和牢固的树体结构，同时有效地控制主、侧枝在树冠内合理分布，使树冠内各类枝条有充分的生长发育空间，为早果、丰产、稳产打下良好的基础。幼树期整形修剪的主要任务包括定干和主、侧枝的培养等。修剪的关键是做好发育枝、徒长枝和二次枝等的处理工作。

1. 短截发育枝

晚实核桃分枝能力差，枝条较少，通过短截发育枝可有效增加分枝。早实核桃通过短截，可有效增加枝条数量，加快整形进程。短截的主要对象是侧枝上着生的旺盛发育枝，但短截数量不宜过多，一般占总枝量的 1/3 左右，并使被短截的枝条在树冠内分布均匀。短截程度主要有长枝中短截（剪去枝条长度的 1/2 左右）和轻短截两种（剪去枝条长度的 1/3 左右），一般不宜采用重短截。

2. 处理徒长枝

如不及时加以控制，会扰乱树形，影响通风透光。核桃幼树期徒长枝的处理主要是从基部疏除，也可根据空间适当保留，通过短截、夏季摘心等方法培养成结果枝组。

3. 控制和利用二次枝

早实核桃 2 年生即可开花结果，具有分枝能力强、易抽生二次枝条等特点。分枝能力强是早果、丰产的基础，对提高核桃的产量非常有利。但是，早实核桃的二次枝多生长不充实，冬春容易因失水而导致抽条，而且容易导致结果部位外移，使母枝后部光秃。因此，如何控制和利用二次枝是一项重要的修剪内容。对于二次枝的

控制和利用，可在枝条未木质化时，剪去过旺的二次枝；也可对同一结果枝上抽生的多个二次枝，选择保留一部分生长健壮的二次枝，其余疏除；还可对生长过旺而又计划选留的二次枝进行摘心处理。如果抽生的二次枝只有1～2个且生长较旺，可在夏季进行中度或轻度短截，以促进分枝，逐步培养成结果枝组。

二、初果期树

初果期是从开始结果到大量结果前的一段时期。早实核桃2～3年开始进入初果期。初果期核桃树修剪的主要任务是继续进行主、侧枝培养的同时，加强结果枝组的培养，为初果期向盛果期转变做好准备，做到整形结果两不误。

1. 主、侧枝的培养

初果期核桃主、侧枝的培养尚未完全完成，此时应加强主、侧枝的培养。对于疏散分层形而言，在完成第一层主枝的基础上，及时选留第二层和第三层主枝，在选留主枝的同时，及时在各层主枝上选留适宜的侧枝。对于自然开心形而言，同样需要继续进行主、侧枝的培养，在各主枝选定后，及时对各级侧枝进行选留和培养，尽早完成整形过程。

2. 结果枝组培养

结果枝组的大小和配置因在骨干枝上的位置和树冠内空间的不同而异。枝的前端或树冠外围以配备小型结果枝组为主，主枝和树冠的中部以配备中型结果枝组为主，主枝的后部和内膛以配备大型结果枝组为主。大、中型结果枝组间要配备小型结果枝组来补充空间。长势较强的幼旺树，尽量少留或不留背上直立结果枝组。

结果枝组的培养方法如下。

(1) 先放后缩　对于树冠内的发育枝或中等长势的徒长枝，可先缓放，然后在所需部位的分枝处回缩，再通过去旺留壮的方法，逐渐培养成结果枝组。

(2) 先截后放　对于发育枝或徒长枝，可通过先短截或摘心的方法促发分枝，然后再进行缓放和回缩，培养成结果枝组。

（3）先缩后截　对于空间较小的辅养枝和多年生有分枝的徒长枝或发育枝，可采取先缩剪前端旺枝、再短截后部枝条的方法培育成结果枝组。

3. 不同枝类处理

（1）背后枝　晚实核桃和部分早实核桃普遍存在背后枝长势强于背上枝条的现象，如不加以控制，导致树形紊乱。如果背后枝已经影响上部枝条的生长，导致上部枝头生长明显减弱，应缩剪背后枝，抬高枝头，促进上部枝的发育。如背后枝较弱并已形成花芽，可逐步改造成结果枝组。

（2）辅养枝　如果不影响骨干枝的生长，可暂时保存利用。如果太密集也可适当疏除。

（3）徒长枝　徒长枝的处理应根据具体情况确定，如果有空间可保留，可通过短截、夏季摘心等方法培养成结果枝组。对于没有保留价值的徒长枝，应及时从基部疏除。

三、盛果期树

5～6 年后，核桃树进入盛果期后，此时树体结构已基本形成并开始大量结果，树冠扩大明显减弱或停止，由于大量结果，容易因树体养分缺乏而导致郁闭和衰弱。有时可能会出现大枝干枯或整株死亡现象。此期核桃修剪的主要任务是调整营养生长与生殖生长之间的关系，改善树冠的通风透光条件，不断更新结果枝组，以保持稳产、高产。具体修剪时，应根据品种特性、立地条件、栽培方式、栽培条件和树势的不同，采取不同的修剪方法。修剪时应注意以下几点。

1. 及时对骨干枝和外围枝进行调整

盛果期核桃树由于树冠不断扩大，结果量增多，大、中型骨干枝常出现密挤和前部下垂现象。应重点对过密大、中型枝组进行疏除或重回缩，对伸展过长、下垂严重、长势较弱的大枝，可在斜上生长侧枝的部位进行回缩。对树冠外围过长的中型枝，可进行适当

的短截或疏除。为改善通风透光条件，应去弱留强，适当疏除过密枝。

2. 更新、调节和复壮结果枝组

成龄核桃大树由于内膛光照条件较差，容易造成枝条枯死，导致内膛空虚、结果部位外移，早实核桃尤为突出。因此应有计划地培养、调整和更新结果枝组，使大、中、小型结果枝组搭配适当，分布合理，避免相互干扰。同时，结果枝组经多年结果后会逐渐衰弱，为了维护枝组的长势，应及时更新复壮。枝组的更新应从改善全树的通风透光条件入手，通过复壮树势、枝势和枝组的长势，达到枝组更新的目的。

3. 及时控制和利用徒长枝

徒长枝的控制或利用可分情况而定，如果内膛枝条较多，结果枝组生长正常，没有可用空间，应将徒长枝从基部疏除。如果徒长枝附近有较大的空间，或附近的结果枝组已经衰弱，可通过摘心或轻短截，将徒长枝培养成结果枝组，以填补空间或更换衰老的结果枝组。

四、衰老树修剪

核桃树寿命很长，如果土壤环境良好加之栽培管理及时，生长结果达百年。但在缺乏肥水和粗放管理的情况下，早实核桃 25～30 年以后进入衰老期。对于衰老期的核桃树，应以及时进行更新复壮修剪。更新的方法是分期、分批地对大的骨干枝进行重回缩修剪，剪截到多年生的部位，目的是促使树体的潜伏芽萌发，长出新的年轻的枝条，再进行拉枝、摘心等措施，逐年进行树体更新复壮，连续几年之后，树体地上部的衰老枝都被年轻的壮、旺枝条取代，达到了“树老枝条不老”的目的。有效地延长了树体的寿命和结果年限。

这种更新方法，效果很好，技术也很简单，都必须与加强肥水管理和病虫害防治相结合，共同进行。只有这样才能实现增强树势，加速树冠、树势和产量的恢复，达到更新复壮的目的。

第六节　整形修剪技术的创新点

一、整形修剪过程中，特别要注意调节每一株树内各个部位的生长势之间的平衡关系

每一株树，都由许多大枝和小枝、粗枝和细枝、壮枝和弱枝组成，而且有一定的高度，因此，在进行修剪时，要特别注意调节树体枝、条之间生长势的平衡关系，避免形成偏冠、结构失调、树形改变、结果部位外移、内膛秃裸等现象。要从以下三个方面入手。

1. 上下平衡

在同一株树上，上下都有枝条，但由于上部的枝条光照充足、通风透光条件好，枝龄小，加之顶端优势的影响，生长势会越来越强；而下部的枝条，光照不足，开张角度大，枝龄大，生长势会越来越弱，如果修剪时不注意调节这些问题，久而久之，会造成上强下弱树势，结果部位上移，出现上大下小现象，给果树管理造成很大困难，果实品质和产量下降，严重时会影响果树的寿命。整形修剪时，一定要采取控上促下，抑制上部、扶持下部，上小下大，上稀下密的修剪方法和原则，达到树势上下平衡、上下结果、通风透光、延长树体寿命、提高产量和品质的目的。

2. 里外平衡

生长在同一个大枝上的枝条，有里外之分。内部枝条见光不足，结果早，枝条年龄大，生长势逐渐衰弱；外部枝条见光好，有顶端优势，枝龄小，没有结果，生长势越来越强，如果不加以控制，任其发展，会造成内膛结果枝干枯死，结果部位外移，外部枝条过多、过密，造成果园郁闭。修剪时，要注意外部枝条去强留弱、去大留小、多疏枝、少长放；内部枝去弱留强、少疏多留、及时更新复壮结果枝组，达到外稀里密、里外结果、通风透光、树冠紧凑的目的。

3. 相邻平衡

中央领导干上分布的主枝较多，开张角度有大有小，生长势有强有弱，粗度差异大。如果任其生长，结果会造成大吃小、强欺弱、高压低、粗挤细的现象，影响树体均衡生长，造成树干偏移、偏冠、倒伏、郁闭等不良现象，给管理带来很大的麻烦。修剪时，要注意及时解决这一问题，通过控制每个主枝上枝条的数量和主枝的角度两个方面，来达到相邻主枝之间的平衡关系，使其尽量一致或接近，达到一种动态的平衡关系。具体做法是粗枝多疏枝、细枝多留枝；壮枝开角度、多留果，弱枝抬角度、少留果。坚持常年调整，保持相邻主枝平衡，树冠整齐一致，每个单株占地面积相同，大小、高矮一致，便于管理，为丰产、稳产、优质打下牢固的骨架基础。

二、整形与修剪技术水平没有最高，只有更高

在果园栽植的每一棵树，在其生长、发育、结果过程中，与大自然提供的环境条件和人类供给的条件密不可分。环境因素很多，也很复杂，包括土壤质地、肥力、土层厚薄、温度高低、光照强弱、空气湿度、降雨量、海拔高度、灌水和排水条件、灾害天气等。人为影响因素也很多，包括施肥量、施肥种类，要求产量高低、果实大小和色泽、栽植密度等，还有很多很多，上述因素，都对整形和修剪方案的制订、修剪效果的好坏、修剪的正确与否等产生直接或间接的影响，而且这些影响有时当年就能表现出来，有些影响要几年、甚至多年以后才能表现出来。举一个例子说明修剪的复杂性和多变性，我们国家20世纪60年代末期，在北京南郊的一个丰产苹果园举行果树冬季修剪比武大赛，要求有苹果树栽植的省、市各派两个修剪高手参加，每个人修剪5棵树，1年后，根据树体当年的生长情况和产量、品质等多方面的表现，综合打分，结果是北京选手得了第一名和第二名，其他各地选手都不及格。难道其他的选手修剪技术水平差吗？绝对不是，而是他们不了解北京的气候条件和管理方法，只是照搬照抄各自当地的修剪方法导致这一结果。这个例子充分说明一件事，果树的修剪方法必须和当地的环

境条件及人为管理因素等联系起来，综合运用，才能达到理想的效果。所以说，修剪技术没有最高，而是必须充分考虑多方面的因素对果树产生的影响，才能制定出更合理的修剪方法。不要总迷信别人修剪技术高，我们常说"谁的树谁会剪"就是这个道理。

三、修剪不是万能的

果树的科学修剪只是达到果树管理丰产、优质和高效益的一个方面，不要片面夸大修剪的作用，把修剪想得很神秘，搞得很复杂，有些人片面地认为，修剪搞好了，就所有问题都解决了，修剪不好，其他管理都没有用，这是完全错误的想法。只有把科学的土、肥、水管理，合理的花果管理，综合的病虫害防治等方面的工作和合理的修剪技术有机地结合起来，才能真正把果树管好了。一好不算好，很多好加起来，才是最好。对于果树修剪来说，就是这个道理。

四、果树修剪一年四季都可以进行，不能只进行冬季修剪

果树修剪是指果树地上部一切技术措施的统称，包括冬季修剪的短截、疏枝、回缩、长放；也包括春季的花前复剪，夏季的扭梢、摘心、环剥；秋季的拉枝、捋枝等技术措施。有些地方的果农朋友只搞冬季修剪，而生长季节让果树随便长，到了第二年冬季又把新长的枝条大部分剪下来。这种做法的错误是，一方面影响了产量和品质（把大量光合产物白白地浪费了，没有变成花芽和果实）；另一方面浪费了大量的人力和财力（买肥、施肥）。果农朋友们，这种只进行冬季修剪的做法已经落后了。当前最先进的果树修剪技术是加强生长季节的修剪工作，冬季修剪作为补充，谁的果树做到冬季不用修剪，谁的技术水平更高。笔者把果树不同时期的修剪要点总结成四句话告诉果农朋友：冬季调结构（去大枝），春季调花量（花前复剪），夏季调光照（去徒长枝、扭梢、摘心），秋季调角度（拉枝、拿枝）。

第八章　花果管理技术

第一节　人工授粉

一、人工授粉的必要性

① 核桃属异花授粉果树，风媒传粉，存在雌雄异熟现象，某些品种同一株树上，雌雄花期可相距20多天。花期不遇常造成授粉不良，严重影响坐果率和产量。

② 幼树在开始结果的最初几年，一般只有雌花，2～3年后才出现雄花。为促进核桃雌花的授粉受精和坐果，对附近没有成龄核桃树的幼龄核桃园，应进行人工授粉。

③ 受不良气象因素，如低温、降雨、大风、霜冻等的影响，雄花的散粉也会受到阻碍。

④ 即便能进行自然授粉，通过人工授粉也能大大提高坐果率。人工授粉一般可比自然授粉提高坐果率15％～30％。

二、花粉采集

从当地或其他地方健壮的成年树上采集将要散粉的雄花序，摊放在室内20～25℃的干燥环境下，待花粉散出后，筛出花粉装瓶，放在2～5℃条件下保存备用。

三、授粉

最佳时期是雌花柱头呈倒八字形张开时。如果柱头反转或柱头干缩变色，授粉效果会显著降低。

四、授粉方法

人工授粉时，可将花粉用5～10倍的滑石粉或淀粉稀释后，用小型喷粉器进行喷授，或将稀释后的花粉装入纱布袋内进行抖授，也可配成1∶5000的花粉悬浮液进行喷授，还可在树冠不同部位挂雄花序或雄花枝，依靠风力自然授粉。

第二节 疏雄疏果

一、疏雄

1. 疏雄的好处

核桃雌、雄花芽比约为1∶5，雌、雄花朵比例高达1∶500。疏雄可以减少树体水分和养分的消耗，将节约的水分和养分用于雌花和剩余雄花序的发育，改善雌花和果实的营养条件，可提高坐果率和产量。

据测定，单个雄花芽萌芽前干重为0.036克，到雄花序成熟时干重增加到0.66克，净增重0.624克。雄花序中含氮4.3%、五氧化二磷1.0%、氧化钾3.2%、蛋白质和氨基酸11.1%、粗脂肪4.3%、全糖31.4%、灰分11.3%。据推算，一株成龄核桃树若疏除90%～95%的雄花芽，可节约水分50千克、干物质1.1～1.2千克。疏除多余的雄花序，能够显著地节约树体的养分和水分。

成年核桃大树平均单株雄花序2000～3500个。大量雄花序从萌芽到成熟散粉，需要消耗大量的水分和养分，影响枝叶生长和雌花芽发育，影响坐果与产量。疏除多余的雄花序能够增加产量，且有利于植株的生长发育。人工疏雄可平均增产10%～48%。

2. 疏雄的时期

最佳时期是雄花芽开始膨大期，此时雄花芽比较容易疏除且养分和水分消耗较少。

3. 疏雄的方法

用手掰除或用木钩钩除雄花序。河北农业技术师范学院用化学方法疏除核桃雄花序取得了一定效果。

4. 疏雄量

以疏除全树雄花序的 90%～95% 为宜，使雌雄花之比达 1∶(30～60)，完全可以满足授粉需要。

二、疏果

1. 疏果的必要性

早实核桃以侧花芽结实为主，雌花量较大，结果过多，使核桃果个变小、品质变差，严重时会导致枝条大量干枯死亡。为保证树体营养生长和生殖生长的相对平衡，提高坚果质量，保持高产、稳产，延长结果寿命，需疏除过多幼果。

应注意，疏果仅限于坐果率高的早实核桃品种，尤其是树弱而挂果多的树。

2. 疏果的时间

在生理落果期以后，一般在雌花受精后的 20～30 天，当幼果发育到直径 I～1.5 厘米时进行为宜。

3. 幼果疏除量

一般以每平方米树冠投影面积保留 60～100 个果实为宜。疏果时先疏除弱树或细弱枝上的幼果，也可连同弱枝一起剪掉。注意留果部位在冠内要分布均匀，郁闭内膛可多疏。

第三节 保花保果

一、落花落果的原因

1. 受精不良

北方地区春季气温变化剧烈，一旦寒流侵入，温度急剧下降至 0℃以下，伴有大风或阴雨，花器受冻失去授粉受精能力。在不良的气候条件下缺少传粉媒介，也会因授粉受精不良而落花落果。

据河北农业大学试验，主栽品种与授粉树的距离应在300米以内，超过300米时授粉受精不良或不能授粉。

幼龄核桃树仅开雌花，若不进行人工辅助授粉，也会大量落花落果。

2. 树体储备营养水平低

如核桃园土壤贫瘠、管理粗放、肥水不足、病虫害较重等情况，导致树体营养积累不足时会造成大量生理落果。

3. 生长激素水平低

花、幼果生长激素水平低导致落花落果。

4. 灾害性天气

大风、暴雨、冰雹等灾害性天气，会造成大量落果。

二、落花落果时间

每年可出现3次。

(1) 第一次在开花后，未见子房膨大，花即脱落，是未受精的花，这次落花对生产的影响不大。

(2) 第二次出现在花后2周，子房已经膨大，是受精后初步膨大的幼果，这次落果已有一定的损失。

(3) 第三次出现在第二次落果后2～4周，大体在6月间，又叫“六月落果”，此时落果损失较大。

三、防治落花落果的措施

1. 改善树体营养

加强树体地上部和地下部的管理，为核桃的生长结果创造有利条件。

2. 创造良好的授粉条件

(1) 人工辅助授粉。

(2) 合理配置授粉树。

3. 雌花开花期喷激素、喷肥、喷微量元素

(1) 雌花开花期喷赤霉素、硼酸、稀土、尿素等可提高核桃的

坐果率。

（2）雌花开花期喷 0.5%尿素、0.3%的磷酸二氢钾能改善树体的营养状况，提高坐果率。

第四节 果实采收及处理

一、采收期

核桃的果是由核果和青皮两部分组成，一般认为青果变黄并开裂后采收为宜。

核桃从坐果到果实成熟需 130～140 天，不同地区、不同品种的成熟期不同。北方地区的核桃多在 9 月上中旬成熟，南方地区稍早些。早熟品种 8 月上旬即可成熟，早熟和晚熟品种的成熟期可相差 10～25 天。

核桃成熟的标志是青皮由深绿色、绿色逐渐变为黄绿色或浅黄色，容易剥离，80%的果实青皮顶端出现裂缝，且有部分青皮开裂。

从坚果内部看，当内隔膜刚刚变为棕色时为核仁成熟期，此时采摘种仁的质量最好。

二、采收方法

多采用人工采收。在核桃成熟时，用长杆击落果实。采收时应由上而下、由内而外顺枝进行，以免损伤核桃枝芽，影响翌年的产量。

果实从树上采下后，应尽快放置在阴凉通风处，不应在阳光下曝晒，否则会因种仁温度过高影响坚果的品质。

研究表明，当坚果种仁温度超过 40℃时，就会导致种仁颜色变深，降低坚果的质量。采下的果实应尽快脱去青皮，去掉青皮后的果实，也应在阴凉通风处晾干。

三、果实脱青皮

核桃脱青皮的方法主要有堆沤脱皮法和乙烯利脱皮法两种。

1. 堆沤脱皮法

是我国传统的核桃脱青皮方法。在核桃采摘后及时运到荫蔽处或通风的室内，将果实按 50 厘米的厚度堆成堆，在果堆上加盖一层 10 厘米左右的干草或树叶，以提高温度促进后熟作用。一般当青皮大多出现绽裂时，用木板或铁锨稍加搓压即可脱去青皮。

堆沤时间的长短与果实的成熟度有关，成熟度越高，堆沤时间越短。但堆沤时，切忌青皮变黑乃至腐烂时再脱皮，以免因青皮腐烂、汁液浸泡壳面或渗入壳内，污染壳面和种仁，降低坚果的商品价值。

2. 乙烯利脱皮法

成熟度稍差或较难脱去青皮的品种，可采用乙烯利脱皮法。将刚刚采收的青皮果使用 3000～5000 毫克/千克的乙烯利浸泡 30 秒，再按 50 厘米的厚度堆积起来，堆上覆盖 10 厘米左右的秸秆，2～3 天即可自然脱皮。

四、坚果漂洗和晾晒

为了满足国内外市场对核桃坚果外观的要求，脱青皮后应及时洗去残留在坚果表面的烂皮、泥土及各种污染物，然后再进行漂白。

洗涤的方法是把脱青皮后的坚果尽快放入筐内，在水池或有流水的地方浸泡，并用刷子刷洗干净。切忌泡洗时间过长，使污水进入壳内污染核仁。清洗后应及时将坚果摊开晾晒。

出口外销的坚果，洗涤后还应进行漂白。漂白的具体做法是：先将次氯酸钠（含次氯酸钠 80%）溶于 4～6 倍的清水中制成漂白液，再将清洗过的坚果倒入缸内，使漂白液淹没坚果，搅拌 5～8 分钟。当壳面变白时，立即捞出并用清水冲洗后摊开晾晒。只要漂白液不浑浊，可反复利用，进行多次漂白。通常 1 千克次氯酸钠可漂洗核桃 80 千克。

作种子用的坚果不能进行漂洗和漂白，否则会影响种子的出苗率。

漂洗后的坚果不宜在阳光下进行曝晒，应先在苇席上晾半天左右，等壳面晾干后再放在阳光下摊开晾晒，以免湿果曝晒后导致壳皮翘裂，影响坚果品质。

晾晒核桃坚果的厚度以不超过两层坚果为宜，并不断搅拌或翻晒，使坚果干燥均匀，一般晾晒5～7天即可。晒干的坚果含水量应低于8%。南方多雨的地区可对漂洗后的坚果进行烘干处理。

五、坚果分级

在国际市场上，核桃坚果的商品价值与坚果的大小有关，坚果越大价格越高。

目前，我国外贸出口的核桃坚果分为三等，一等坚果的直径在30毫米以上，二等坚果的直径为28～30毫米，三等坚果的直径为26～28毫米。近年来，我国开始组织直径32毫米的坚果出口外销。

除坚果的大小外，还要求壳面洁白、光滑，种仁含水率不超过6.5%，杂质、腐烂果、破裂果总计不超过10%。

1987年我国颁布的《核桃丰产与坚果品质》的国家标准中，以坚果外观、平均单果重、取仁难易、种仁颜色、饱满程度、核壳的厚薄、出仁率及风味等八项指标，将坚果的品质分为四个等级。国家标准还规定，凡露仁、缝合线开裂、壳面或种仁有黑斑的坚果超过抽检样品数量的10%，不能评为优级和一级，夹仁坚果数量超过5%时则列入等外。

第五节 高接换优

对于立地条件较好、树龄小于20年、树势较强、无病虫为害的低产实生核桃园，高接后可以获得很好的效果。一般高接后第二年，产量就会达到高接前的水平，第三年超过未高接树。高接后3～5年，整个树冠可恢复到原来大小。

高接一般多在春季砧树萌芽至展叶期间进行，用1年生未萌芽的发育枝作接穗，应用最普遍、效果最好的嫁接方法是插皮舌接法。

嫁接时根据要改接树树龄和树体结构情况分为多头高接和主干高接，依嫁接过程中接穗的保湿方式可分为接包保湿和蜡封接穗保湿两种。蜡封接穗嫁接时操作简便，省工省料，工效高，接后管理环节少，效果好。

高接前对伤流严重的树应在树干基部锯口放水。高接注意事项与苗木嫁接相同。需要特别注意的是，高接后要及时除萌。当接穗新梢长到30厘米左右时，应在接口近处绑设支柱引绑新梢，以防风折。

第九章 核桃病虫害防治技术

第一节 果树病害的发生与侵染

一、果树病害的发生

1. 发生原因

引起果树病害的因素可分为生物因素和非生物因素两大类。

（1）生物因素 生物病原主要有真菌、细菌、病毒和类病毒、线虫和寄生性种子植物五大类。其中真菌和细菌统称为病原菌，病原生物因素导致的病害称为传（侵）染性病害。

（2）非生物因素 非生物因素包括极端温度（温度过高或过低）、极端光照（日照不足或过强）、极端土壤水分、营养物质的缺乏或过多、空气中有害气体、土壤过酸或过碱、缺素或过剩、农药使用不当、化肥使用不当和植物生长调节剂使用过多等。非生物因素导致的病害称为非传（侵）染性病害，又称生理性病害。

2. 果树发病的条件

病害的发生需要病原、寄主和环境条件的协同作用。

环境条件本身可引起非传染性病害，同时又是传染性病害的重要诱因，非传染性病害降低寄主植物的生活力，促进传染性病害的发生；传染性病害也削弱寄主植物对非传染性病害的抵抗力，促进非传染性病害的发生。

二、果树病害的病状

果树病害的病状主要分为变色、坏死、腐烂、萎蔫、畸形 5 个类型。

1. 变色

植物生病后局部或全株失去正常的颜色称为变色。变色主要由于叶绿素或叶绿体受到抑制或破坏，色素比例失调造成的。变色主要发生在叶片、花及果实上。

褪绿：整个叶片或其一部分均匀地变色。由于叶绿素的减少而使叶片表现为浅绿色。

黄化：当叶绿素的量减少到一定程度就表现为黄化。

紫叶或红叶：整个或部分叶片变为紫色或红色。

花叶：叶片颜色不均匀变化，界限较明显，呈绿色与黄色或黄白色相间的杂色叶片。

花脸：果实上颜色不正常变化时，多形成花脸。

2. 坏死

器官局部细胞组织死亡，仍可分辨原有组织的轮廓。

叶斑：坏死部分比较局限，轮廓清晰，有比较固定的形状和大小。据坏死斑点形状，分为圆斑、角斑、条斑、环斑、轮纹斑、不规则形斑等；据坏死斑点颜色，分为灰斑、褐斑、黑斑、黄斑、红斑、锈斑等。

叶枯：坏死区没有固定的形状和大小，可蔓延至全叶。

叶烧：水孔较多的部位如叶尖和叶缘枯死。

炭疽：叶片和果实局部坏死，病部凹陷，上面常有小黑点。

疮痂和溃疡：病斑表面粗糙甚至木栓化。病部较浅、中部稍突起的称为疮痂；病部较深（如在叶上常穿透叶片正反面）、中部稍凹陷、周围组织增生和木栓化的称为溃疡。

顶死（梢枯）：木本植物枝条从顶端向下枯死。

立枯和猝倒：立枯和猝倒主要发生在幼苗期，幼苗近土表的茎组织坏死。整株直立枯死的称为立枯；突然倒伏死亡的称为猝倒。

3. 腐烂

植物器官大面积坏死崩溃，看不出原有组织的轮廓。果树的根、茎、叶、花、果都可发生腐烂，幼嫩或多肉组织则更容易

发生。

干腐：细胞坏死所致。腐烂发生较慢或病组织含水量低，水分可以及时挥发。

湿腐：细胞坏死所致。腐烂发生较快或病组织含水量高，水分不能及时挥发。

软腐：胞间层果胶溶化，细胞离析、消解。

流胶：局部受害流出细胞组织分解产物。

根据腐烂发生的部位，可分为根腐、茎（干）腐、果腐、花腐、叶腐等。

4. 萎蔫

植物地上部分因得不到足够的水分，细胞失去正常的膨压而萎垂枯死。病害所致的萎蔫原因有水分的吸收和输导机能受到破坏，如根部坏死腐烂、茎基部坏死腐烂、导管堵塞或丧失输水功能等。水分散失过快所致，如高温或气孔不正常开放加快蒸腾作用也可导致萎蔫。

5. 畸形

果树的外部形态因病而呈现的不正常表现称为“畸形”。果树病害的畸形主要有丛枝、扁枝、发根、皱缩、卷叶、缩叶、瘤肿、纤叶、小叶、缩果等。

三、果树病害的病症

病症种类很多，见表 9-1。

（1）粉状物　病原真菌在病部表面呈现出的各种粉状结构，常见的有白粉状物、红粉状物等。

（2）霉状物　病原真菌在病部表面呈现出的各种霉状物，常见的有霜霉、黑霉、灰霉、青霉、绵霉等。

（3）粒状物　病原真菌附着在病部表面的球形或近球形颗粒状结构，多为黑褐色。

（4）点状物　病原真菌从病部表皮下生长出来的黑褐色至黑色的小点状结构，突破或不突破表皮。

表 9-1 病症种类

病症类型	病原生物种类				
	真核菌	细菌	病毒	线虫	寄生性种子植物
1. 粉状物	+	−	−	−	−
2. 霉状物	+	−	−	−	−
3. 粒状物	+	−	−	+	−
4. 点状物	+	−	−	+	−
5. 盘状物	+	−	−	−	−
6. 索状物	+	−	−	−	+
7. 脓状物	−	+	−	−	−

注："+"表示有，"−"表示无。

(5) 索状物　病原真菌附着在病部表面的绳索状结构，颜色变化较大。

(6) 角状物及丝状物　从点状物上长出来的角状或丝状结构，单生或丛生，多为黄色至黄褐色，如各种果树的腐烂病等。

(7) 伞状物及马蹄状物　病原真菌从病根或病枝干上长出的伞状或马蹄状结构，常有多种颜色，如果树根朽病、木腐病等。

(8) 管状物　从病斑上生出的长5~6毫米的黄褐色细管状结构。

(9) 脓状物　从病斑内部溢出的病原物黏液。有的为细菌病害的特有病症，称为"溢脓"或"菌脓"，干燥后呈胶状颗粒；有的是真菌孢子与胶体物质的混合物，常从点状物上溢出，呈黏液状，多为灰白色和粉红色，如各种果树的炭疽病（粉红色）等。

四、病害侵染过程

侵染过程是植物个体遭受病原物侵染后的发病过程，包括病原物与寄主植物可侵染部位接触，侵入寄主植物，在植物体内繁殖和扩展，发生致病作用，显示病害症状的过程，称病程。病程可分为接触期、侵入期、潜育期和发病期四个时期。

1. 接触期

是病原物与寄主接触，或到达能够受到寄主外渗物质影响的根围或叶围后，向侵入部位生长或运动，形成某种侵入结构的一段

时间。

真菌孢子、菌丝、细菌细胞、病毒粒体、线虫等可以通过气流、雨水、昆虫等各种途径传播。

病原物在接触期受寄主植物分泌物、根围土壤中其他微生物、大气的湿度和温度等复杂因素的影响。如植物根部的分泌物可促使病原真菌、细菌和线虫等或其他休眠体的萌发或引诱病原的聚集，有些腐生的根围微生物能产生抗菌物质，可抑制或杀死病原物。

接触期病原物除受寄主本身的影响外，还受到生物的和非生物的因素影响。传播过程中只有少部分传播体被传播到寄主的可感染部位，大部分落在不能侵染的植物或其他物体上。并且病原物必须克服各种不利因素才能进一步侵染，所以该期是病原物侵染过程的薄弱环节，是防止病原物侵染的有利阶段。

2. 侵入期

(1) 侵入途径

① 直接侵入　病原物直接穿透寄主的角质层和细胞壁的过程。

② 自然孔口侵入　植物体表有许多自然孔，如气孔、水孔、皮孔、蜜腺等。许多真菌和细菌是由某一或几种孔口侵入，以气孔侵入最普遍。

③ 伤口侵入　包括机械、病虫等外界因素造成的伤口和自然伤口，如叶痕和支根生出处。病原物的种类不同，侵入途径和方式也不同。

(2) 侵入方式

① 真菌　大都以孢子萌发形成的芽管或者以菌丝侵入，有的还能从角质层或者表皮直接侵入。真菌不论是从自然孔口侵入或直接侵入，进入寄主体内后孢子和芽管里的原生质随即沿侵染丝向内输送，并发育成为菌丝体，吸取寄主体内的养分，建立寄生关系。

② 细菌　主要通过自然孔口和伤口侵入。细菌个体可以被动地落到自然孔口里或随着植物表面的水分被吸进孔口；有鞭毛的细菌靠鞭毛的游动也能主动侵入。

③ 病毒　靠外力通过微伤或昆虫的口器，与寄主细胞原生质

接触完成侵入。

(3) 侵入所需环境条件　病原菌完成侵入需要相适应的环境条件。主要是湿度和温度，其次是寄主植物的形态结构和生理特性。

① 湿度　大多数真菌孢子的萌发、细菌的繁殖以及游动孢子和细菌的游动都需要在水滴里进行。高湿度下，寄主愈伤组织形成缓慢，气孔开张度大，水孔泌水多而持久，降低了植物抗侵入的能力，对病原物的侵入有利。所以果园栽培管理方式如开沟排水、合理修剪、合理密植、改善通风透光条件等，是控制果树病害的有效措施之一。

② 温度　影响孢子萌发和侵入的速度。真菌孢子有最高、最适和最低萌发温度。超出最高和最低温度范围，孢子便不能萌发。

(4) 侵入期所需时间和接种体数量　病毒的侵入与传播瞬时即完成。细菌侵入所需时间也较短，在最适条件下，不过几十分钟。真菌侵入所需时间较长，大多数真菌在最适应的条件下需要几小时，但很少超过 24 小时。

一般侵入的数量大，扩展蔓延较快，容易突破寄主的防御作用。细菌的接种量和发病率呈正相关，病毒侵入后能否引起感染也和侵入数量有关，一般需要一定的数量才能引起感染。

3. 潜育期

病原物侵入后和寄主建立寄生关系到出现明显症状的阶段。

① 潜育期的扩展　是病原物在寄主体内吸收营养和扩展的时期，也是寄主对病原物的扩展表现不同程度抵抗性的过程。病原物在寄主体内扩展时都消耗寄主的养分和水分，并分泌酶、毒素和生长调节素，扰乱正常的生理活动，使寄主组织遭到破坏，生长受抑制或促使增殖膨大，导致症状的出现。

② 环境条件对潜育期的影响　每种植物病害都有一定的潜育期。潜育期的长短因病害而异，一般 10 天左右，也有较短或较长的。有些果树病毒病的潜育期可达 1 年或数年。

一定范围内，潜育期的长短受环境温度的影响最大，湿度对潜育期的影响较小。但如果植物组织的湿度高，细胞间充水对病原物

在组织内的发育和扩展有利，潜育期就短。

有些病原物侵入寄主植物后，由于寄主抗病性强，病原物只能在寄主体内潜伏而不表现症状，但当寄主抗病力减弱时，它可继续扩展并出现症状，称潜伏侵染。有些病毒侵入一定的寄主后，任何条件下都不表现症状，称带毒现象。

4. 发病期

症状出现后病害进一步发展的时期。症状的出现是寄主生理病变和组织病变的结果。发病期病原由营养生长转入生殖生长阶段，即进入产孢期，产生各种孢子（真菌病害）或其他繁殖体。新生病原物的繁殖体为病害的再次侵染提供主要来源。

在发病期，真菌性病害随着症状的发展，在受害部位产生大量无性孢子，提供了再侵染的病原体来源。细菌性病害在显现症状后，病部产生脓状物，含有大量细菌。病毒是细胞内的寄生物，在寄主体外不表现病症。

真菌孢子生成的速度和数量与环境条件中的温度、湿度关系很大。孢子产生的最适温度一般在25℃左右，高湿促进孢子产生。

五、病害的侵染循环

传染性病害的发生须有侵染来源。病害循环是指病害从前一生长季节开始发病，到下一生长季节再度发病的全过程。在病害循环中通常有活动期和休止期的交替，有越冬和越夏，初侵染和再侵染，以及病原物的传播等环节（见图 9-1）。

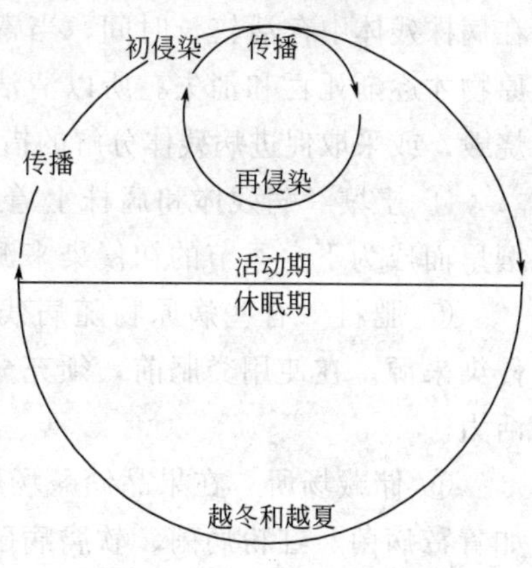

图 9-1 病害循环示意图

1. 病原物的越冬、越夏

病原物的越冬、越夏场所，是寄主植物在生长季节内最早发病的初侵染来源。病原物越冬、越夏的场所如下。

① 田间病株　果树大都是多年生植物，绝大多数的病原物都能在病枝干、病根、病芽等组织内、外潜伏越冬。其中病毒以粒体，细菌以个体，真菌以孢子、休眠菌丝或休眠组织（如菌株、菌索）等，在病株的内部或表面渡过夏季和冬季，成为下一个生长季节的初侵染来源。因此采取剪除病枝、刮治病干、喷药和涂药等措施杀死病株上的病原物，消灭初侵染来源，是防止发病的重要措施之一。

病原物寄主往往不止一种植物，多种植物往往都可成为某些病原物的越冬、越夏场所。针对病害除消灭田园内病株的病原物外，也应考虑其他栽培作物和野生寄主。对转主寄生的病害，还应考虑到转主寄主的铲除等。

② 繁殖材料　不少病原物可潜伏在种子、苗木、接穗和其他繁殖材料的内部或附着在表面越冬。使用这些繁殖材料时，可传染给邻近的健株，造成病害的蔓延。还可随着繁殖材料远距离的调运，将病害传播到新地区。繁殖材料带病，不但可导致病害发生，且这类病害大部分属于难防治病害，一旦发病，无法治疗。

③ 病残体　果树的枯枝、落叶、落果、残根、烂皮等病株残体上带有病原物，这类越冬场所是果树病害主要越冬场所之一。由于病原物受到植株残体组织保护，对不良环境因子抵抗能力增加，能在病株残体中存活较长时间，当寄主残体分解和腐烂后，其中的病原物才逐渐死亡和消失。所以清洁果园，彻底清除病株残体，集中烧毁，或采取促进病残体分解的措施，利于消灭和减少初侵染来源。

④ 土壤　病残体和病株上着生的各种病原物都很容易落到土壤里而成为下一季节的初侵染来源。如果树紫纹羽病、白纹羽病。

⑤ 肥料　有些病原物随病残体混入肥料存活，成为病害的初侵染来源。在使用粪肥前，须充分腐熟，通过高温发酵使其失去生活力。

⑥ 储藏场所　在果品储藏场所带有可导致果品腐烂的病原物。如青霉病菌、红粉病菌、软腐病菌等。

2. 病原物的传播

传播是联系病害循环中各个环节的纽带。病原物的传播有气流传播、雨水传播、昆虫和其他动物传播、人为传播等方式。大多数病原体都有固定的来源和传播方式，如真菌以孢子随气流和雨水传播，细菌多半由风、雨传播，病毒常由昆虫和嫁接传播。

3. 病害的初侵染和再侵染

病原物每进行一次侵染都要完成病程的各阶段，最后又为下一次的侵染准备好病原体。其中在植物生长期内，病原物从越冬和越夏场所传播到寄主植物上引起的侵染，叫作初侵染。在同一生长期中初侵染的病部产生的病原体传播到寄主的其他健康部位或健康植株上又一次引起的侵染称为再侵染。在同一生长季节中，再侵染可能发生许多次。

六、病害的流行及预测

1. 病害流行

病害流行须具备大量感病寄主、大量致病力强的病原物、适宜发病的环境条件等三个条件。病害流行必须同时具备这三个条件，三者缺一不可，但它们在病害流行中的地位是不相同的，其中必有一个是主导的决定性因素。

2. 病害流行的预测

在病害发生前一定时限依据调查数据对病害发生期、发生轻重、可能造成的损失进行估计并发出预报。

根据病害发生前的时限，可分为短期预测（病害发生前夕，或病害零星发生时对病害流行的可能性和流行的程度做出预测）、中期预测（病害发生前1个月至一个季度，对病害流行的可能性、时间、范围和程度做出预测）、长期预测（根据病害流行的规律，至少提前一个季度预先估计一种病害是否会流行以及流行规模，也称为病害趋势预测）。

病害的预测依据有病程和侵染循环的特点（短期预测主要根据病程，中长期预测主要根据侵染循环）、病害流行的主导因素及其变化、病害发生发展的历史资料、田间防治状况。

第二节　果树病害的识别及检索

果树病害按其病原类型可分为两大类，一类是由真菌、细菌、病毒、类菌原体、线虫、寄生性种子植物以及类病毒、类立克次体和寄生藻类所致的病害，叫侵染性病害；另一类是由于生长条件不适宜或环境中有害物质的影响而发生的病害，叫非侵染性病害。一般通过对病害标本的检查（包括实地考察），观察病状和病症，根据所见病原物的类型，查阅有关参考书的描述，对大部分常见病害都可识别。

一、侵染性病害

1. 菌物病害的特点与识别

由病原菌物引起的病害统称菌物（真菌）病害。这类病害有传染性，在田间发生时，往往由一个发病中心逐渐向四周扩展，即具有明显的由点到面的发展过程。

真菌病害的症状主要是坏死、腐烂和萎蔫，少数为畸形。在病斑上常常有霉状物、粉状物、粒状物等病症，是真菌病害区别于其他病害的重要标志，也是进行病害田间诊断的主要依据。

（1）诊断菌物病害的依据

① 症状观察　菌物病害的症状以坏死和腐烂居多，且大多数菌物病害均有明显病症，环境条件适合时可在病部看到明显的霉状物、粉状物、锈状物、颗粒状物等特定病症。

对常见病害，根据病害在田间的发生分布情况和病害的症状特点，并查阅相关资料可基本判断病害的类别。但在田间有时受发病条件的限制，症状特点尤其是病症特点表现不明显，较难判定是何种病害。此情况应继续观察田间病害发生情况，同时进行病原检查或通过柯赫氏法则进行验证，确定病害种类。

② 病原检查　引起菌物病害的病原菌种类很多，引起的症状类型也复杂。一般病原不同，症状也不同。但有时病原相同，引起

的症状会完全不同，如苹果褐斑病在叶片上可产生同心轮纹型、针芒型和混合型 3 种不同的症状，是由同一病原引起的。有时也有病原不同，症状相似的情况，如桃细菌性穿孔病、褐斑穿孔病及霉斑穿孔病，在叶片上都表现穿孔症状，但这 3 种病害的病原是完全不同的。仅以症状对某些病害不能做出正确诊断，必须进行实验室的病原检查或鉴定。

进行病原检查时根据不同的病症采取不同的制片观察方法。当病症为霉状物或粉状物时，可用解剖针或解剖刀直接从病组织上挑取子实体制片；当病症为颗粒状物或点状物时，采用徒手切片法制作临时切片；当病原物十分稀疏时，可采用粘贴制片；然后在显微镜下观察其形态特征，根据子实体的形态，孢子的形态、大小、颜色及着生情况等与文献资料进行对比。对于常见病、多发病一般即可确定病害名称。

（2）真菌病害的识别　真菌病害的识别见表 9-2。

表 9-2　真菌病害的识别

方　法	识　别
以寄主植物为主，结合症状特点的识别方法	根据果树的种类，详细观察所见病害的症状特点，再查阅有关资料核对症状特点，可确定是何种病害
以病症为主，结合寄主植物的识别方法	很多真菌病害迟早都会在发病部位出现真菌的繁殖器官——无性及有性子实体。果树病原真菌中的白粉菌、锈菌、霜霉菌的病症较为特异，可根据病症特点结合寄主植物来识别病害
进行病原菌的形态鉴定，核对有关果树病害资料进行的方法	在果树的真菌病害中，不同种的病原真菌在同一寄主上可产生相同或相似的症状。如苹果灰霉病和苹果圆斑病在叶片上的症状大同小异，但病原真菌是不同的种

2. 细菌病害的特点与识别

（1）细菌病害的特点　由病原细菌引起的病害称为细菌病害。细菌病害的症状主要有坏死、腐烂、萎蔫和瘤肿等，变色的较少，常有菌脓溢出。细菌病害的症状特点是受害组织表面常为水渍状或油渍状；在潮湿条件下，病部有黄褐或乳白色、胶黏、似水珠状的菌脓；腐烂型病害患部有恶臭味。

细菌病害的诊断主要根据病害的症状和病原细菌的种类来进行。

① 细菌病害在潮湿条件下在病部可见一层黄色或乳白色的脓状物，干燥后形成发亮的薄膜即菌膜或颗粒状的菌胶粒。菌膜和菌胶粒都是细菌的溢脓，是细菌病害的特有病症。

② 细菌性叶斑往往具有黄色的晕环，细菌性癌肿十分明显是诊断可利用的特征。如果怀疑某种病害是细菌病害但田间病症又不明显，可将该病株带回室内进行保湿培养，待病症充分表现后再进行鉴定。

③ 一般细菌侵染所致病害的病部，无论是维管束系统受害的，还是薄壁组织受害的，都可以通过徒手切片看到喷菌现象。喷菌现象为细菌病害所特有，是区分细菌与菌物、病毒病害的最简便的手段之一。通常维管束病害的喷菌量大，可持续几分钟到十多分钟；薄壁组织病害的喷菌状态持续时间较短，喷菌数量亦较少。

(2) 果树细菌病害的识别　果树上常见细菌病害的症状主要有斑点、腐烂和肿瘤畸形三种。在潮湿条件下，大多数细菌病可产生“溢脓”现象。常见的果树细菌病害根据症状特点，结合显微镜检查病组织内的病原细菌可确定（表9-3）。

表 9-3　果树细菌病害的识别

症状	描　述	显微镜检查
叶部斑点	大多数细菌病叶斑的发展受到叶脉限制而为多角形或近似圆形，发病初期表现为水渍状，病斑外缘有黄色晕圈。在潮湿环境下，病斑溢出含菌液体——溢脓。溢脓多为球状液滴或黏湿的液层，微黄色或乳白色，干涸后成为胶点或薄膜。如桃细菌性穿孔病导致的叶部症状	将病组织做成切片，置于灭菌水中进行显微镜检查，如观察到病组织切片有云雾状细菌群体排出而健康组织没有，可确定为细菌病害（根癌病组织内看不到细菌）。此项检查应选取新发生的病部或病组织的新扩展部分，以排除腐生细菌的干扰，并应严格无菌操作
腐烂症状	腐烂症状易和真菌病害相混淆，但细菌所致的腐烂不产生霉层等真菌子实体，病组织内外有黏液状病症。如梨锈水病导致的梨树枝干内部腐烂和果实软腐	
肿瘤和畸形	果树根癌细菌可导致多种果树的根癌病、毛根病，症状特异，易于识别。如葡萄根癌病、苹果根癌病、核果类果树根癌病。细菌量极少，无病症表现	

3. 病毒病害的特点与识别

病毒病害的症状为花叶、黄化、矮缩、皱缩、丛枝等，少数为坏死斑点。绝大多数病毒都是系统侵染，引起的坏死斑点通常较均匀地分布于植株上，而不像真菌和细菌引起的局部斑点在植株上分布不均匀。

识别病毒病害主要依据症状特点、病害田间分布、病毒的传播方式、寄主范围以及病毒对环境影响的稳定性等来进行。

病毒和类病毒引起的病害都没有病症，但它们的病状具有显著特点，如变色（双子叶植物的斑驳、花叶，单子叶植物的条纹、条点）伴随或轻或重的畸形小叶、皱缩、矮化等全株性病状。这些病状表现首先从幼嫩的分枝顶端开始，且全株或局部病状很少均匀。植原体病害多以黄化、丛枝、花器返祖为特色与病毒病害相区分。此外还可借助电子显微镜观察病毒粒体的形态和用血清学方法进行病毒的鉴定。

果树病毒病害在生产实践中常用症状鉴定识别，表 9-4。

表 9-4　果树病毒病害常用症状鉴定

方法	症　状
症状识别法	叶片变色：一般分花叶和黄化两种，有时变色部分还可形成单圈或重圈的环斑。如苹果花叶病所呈现的花叶症状
	枯斑和组织坏死：有些病毒病在叶片侵染点可形成枯斑，叶片、根茎和果实均可发生坏死现象；韧皮部的坏死是某些黄化型病毒特有的症状，有些病毒病可造成全株枯死
	丛枝、小叶、花器退化，果实畸形等特殊症状：如枣疯病病株形成的丛枝、小叶、花器退化；苹果锈果病造成的锈果和花脸

4. 线虫病害的诊断

线虫的穿刺吸食对寄主细胞的刺激和破坏作用。线虫为害后的植株一般多表现为植株矮小、畸形和腐烂等症状，有的形成明显的根结。结合上述症状并进行病原检查即可确定线虫病害。

线虫病害的病原鉴定，一般将病部产生的虫瘿或根结切开，挑取线虫制片或做病组织切片镜检，根据线虫的形态确定其分类地位。对于一些病部不形成根结的病害，需首先根据线虫种类不同采用相应的分离方法，将线虫分离出来，然后制片镜检。要注意根据口针特征排除腐生线虫的干扰，特别是对寄生在植物地下部位的线虫病害，必要时要通过柯赫氏法则进行验证。

二、非侵染性病害

1. 非侵染性病害的特点与诊断

非侵染性病害（也称生理病害），包括由气象因素、土壤因素和一些有害毒物引起的病害。非侵染性病害是由非生物因素引起的，因此病植物上看不到任何病症，也不可能分离到病原物。病害往往大面积同时发生，没有相互传染和逐步蔓延。

① 病害突然大面积同时发生，发病时间短，多由于气候因素，如冻害、干热风、日灼所致。病害的发生往往与地势、地形和土质、土壤酸碱度、土壤中各种微量元素的含量等情况有关；也与气象条件的特殊变化，如冰雹、洪涝灾害有关；与栽培管理如施肥、排灌和喷洒化学农药是否适当以及与某些工厂相邻而接触废水、废气、烟尘等有密切关系。

② 此类病害不是由病原生物引起的，受病植物表现出的症状只有病状没有病症。

③ 根部发黑，根系发育差，与土壤水多、板结而缺氧，有机质不腐熟而产生硫化氢或废水中毒等有关。

④ 有枯斑、灼伤，多集中在某一部位的叶或芽上，无既往病史，大多是使用化肥或农药不当引起。

⑤ 明显缺素症状，多见于老叶或顶部新叶，出现黄化或特殊的缺素症。

⑥ 与传染性病害相比，非传染性病害与环境条件的关系更密切、发生面积更大、无明显的发病中心和中心病株、在适当的条件下可以恢复（环境条件改善后）。

诊断非侵染性病害除观察田间发病情况和病害症状外，还必须

对发病植物所在的环境条件等有关问题进行调查和分析，才能最后确定致病原因。

2. 非侵染性病害的识别

非侵染性病害可通过症状鉴定、补充或消除某种因素来识别（表 9-5）。

表 9-5　非侵染性病害的识别

<table>
<tr><th>分类</th><th colspan="2">症　状</th></tr>
<tr><td rowspan="2">温度影响</td><td colspan="2">长期高温干旱可使果树发生灼伤，引起苹果、梨、桃、葡萄等的日灼病，受害果实向阳部分产生褐色或古铜色干斑，枝干外皮龟裂或流胶，有时顶叶的尖端和边缘枯焦</td></tr>
<tr><td colspan="2">霜害和冻害易使衰弱的树体受害，如桃树的流胶</td></tr>
<tr><td rowspan="2">水分影响</td><td colspan="2">长期干旱可引起植物萎蔫和早期落叶</td></tr>
<tr><td colspan="2">水分过多，特别是前期干旱后期水分过多易造成苹果的一些品种发生裂果，土壤水分过多易使果树根系窒息而发生根腐和叶部黄化早落，严重时可引起果树死亡</td></tr>
<tr><td rowspan="3">有害物质引起的中毒</td><td colspan="2">如工矿企业排出的二氧化硫可使苹果、葡萄、桃等中毒，造成叶片失绿、生长受抑制、落叶，甚至引起死亡</td></tr>
<tr><td colspan="2">农药使用不当也常引起药害</td></tr>
<tr><td colspan="2">工矿排出的有害废液也可使果树中毒</td></tr>
<tr><td rowspan="6">缺素病害（营养失调症）</td><td>症状观察</td><td>施素鉴别</td></tr>
<tr><td>在碱性土壤中容易缺铁，引起苹果、梨、桃、葡萄等发生褪绿病或黄化病</td><td rowspan="5">根据症状观察怀疑缺乏某种元素，可施用该种元素进行对症治疗。若施素后，症状减轻或消失则可确定是由于缺乏某种元素引起的营养失调症</td></tr>
<tr><td>缺锌可使叶片狭小、黄化、直立，丛生</td></tr>
<tr><td>缺硼可使植物肥嫩器官发生木栓化</td></tr>
<tr><td>缺钙可使果实产生坏死斑点。缺硼、缺钙常与氮肥施用过多、施用时期不当有关</td></tr>
<tr><td>还有因缺钼、缺镁、缺锰、缺磷、缺钾等引起的病害</td></tr>
</table>

三、果树病害类别检索

果树病害类别检索见表 9-6。

表 9-6 果树病害类别检索

<table>
<tr><th>性质</th><th>发病特征</th><th>细部症状</th><th>类别</th><th>大类</th></tr>
<tr><td rowspan="8">病害具有传染性，在发病器官表面或组织内部可看见病原物</td><td rowspan="6">病害不呈全株性发病，只在叶部、枝干、果实、根部某个部位发病，也可在几个部位同时发病</td><td>发病部位表面可看到霉层、粉状物、小粒点等病原物繁殖器官，或在病组织内可看到病原物繁殖器官，或通过保湿诱发方可看到</td><td>真菌病害</td><td rowspan="8">侵染性病害</td></tr>
<tr><td>发病部位看不到霉层、小粒点等病原物，但在潮湿环境下可溢出微黄色或乳白色的球状液滴或黏湿的液层，干涸后成为胶点或薄膜。
将新鲜病组织做成切片，在显微镜下观察可见到有云雾状细菌群体排出，或者根部有特异状的肿瘤及毛根</td><td>细菌病害</td></tr>
<tr><td>发病部位表面或病组织内可见到线虫虫体</td><td>线虫病害</td></tr>
<tr><td>发病部位组织内可见到瘿螨</td><td>瘿螨病害</td></tr>
<tr><td>发病部位见到寄生性种子植物</td><td>寄生性种子植物所致病害</td></tr>
<tr><td>发病部位见到寄生藻</td><td>寄生藻所致病害</td></tr>
<tr><td rowspan="2">病害呈全株性发病或迟早会呈全株性发病，病害可通过嫁接传染。病株看不到霉层等病原物，病组织内无菌丝体</td><td>病组织超薄切片在电镜下可看到病毒颗粒</td><td>病毒病害</td></tr>
<tr><td>病组织超薄切片在电镜下可看到类菌原体粒子，病害对四环素族抗生素敏感</td><td>类菌原体病害</td></tr>
<tr><td rowspan="2">病害不具有传染性，在发病器官表面和组织内部看不到病原物</td><td rowspan="2">病害的发生与气候异常、突变有关，或有接触某种毒物的历史。施用某种元素不能缓解或消除症状</td><td>基干和果实向阳面产生褐色或古铜色干斑，枝叶茂密处不发生</td><td>日灼病</td><td rowspan="2">非浸染性病害</td></tr>
<tr><td>枝干在严寒之后产生裂缝、流胶；幼叶皱缩、碎裂或穿孔，花不结实或结实后脱落，发生在晚霜后</td><td>温度过低</td></tr>
</table>

续表

性质	发病特征	细部症状	类别	大类
病害不具有传染性，在发病器官表面和组织内部看不到病原物	病害的发生与气候异常、突变有关，或有接触某种毒物的历史。施用某种元素不能缓解或消除症状	树叶黄化或红化、萎缩或叶边枯焦，早期脱落，发生在严重干旱时	水分不足	非浸染性病害
		某些果树品种的果实后期果面产生裂缝	前旱后涝或水分过多	
		叶片急剧失绿、萎缩或枯焦，生长衰退，严重时叶片脱落。有接触毒物、农药化肥等历史	中毒	
	病害发生在土壤瘠薄、有机肥很少或不施，施用某种元素肥料可缓解或消除症状	新生嫩叶淡黄色或白色，叶脉仍为绿色，严重时叶片产生棕黄色枯斑、叶缘焦枯，新梢先端枯死，叶片早落。 在 pH 偏碱的土壤上易发生。叶面喷施硫酸亚铁溶液或用来灌根，症状可有所缓解	生理缺铁	
		新生枝条顶端叶片呈莲座状，叶片狭小、硬化，枝条纤细、节短，花芽形成少。 早春枝条或展叶后叶面喷施硫酸锌溶液可缓解或消除症状	生理缺锌	
		果实在近成熟期和贮藏期表皮产生坏死斑点，斑点下果肉有部分坏死。 施氮肥过多或早春施氮肥可加重病害。 叶片喷施氯化钙或硝酸钙溶液可减轻或消除症状	生理缺钙	
		果实表面产生干斑或果肉发生木栓化变色，果实畸形，表面或有开裂。 山地和河滩砂地果园发生多，土壤施硼砂或叶面喷硼砂溶液可减轻或消除症状	生理缺硼	

第三节　果树害虫的识别

一、根据害虫的形态特征来识别

根据害虫的形态特征来识别是鉴别害虫种类最常用、更可靠的方法。昆虫的形态特征主要包括翅的有无、对数、式样、质地、口器的类型；翅的类型、触角，腹部附属器官的式样。昆虫一般分为33个目，目下分科、属、种。其中与果树生产关系密切的昆虫有直翅目、同翅目、半翅目、鞘翅目、鳞翅目、膜翅目和双翅目7个目，现将这7个目的形态见表9-7。

表9-7　7个目昆虫的形态特征

目	常见昆虫	特　点
直翅目	蝼蛄、蝗虫、螽斯、蟋蟀	体粗壮，中形至大形，触角丝状，咀嚼式口器。前翅狭长，革质较厚，为复翅，后翅膜质。后足为跳跃足或前足为开掘足。有尾须。多为陆栖性，大多为植食性，属不完全变态
同翅目	蝉、蚜虫、叶蝉、木虱、粉虱、介壳虫	体小至大形，触角刚毛状或丝状，刺吸式口器，前翅膜质或革质，后翅膜质。但蚜虫和介壳虫有无翅的个体。无尾须。除雄性介壳虫属完全变态外，其余均属不完全变态。陆生
半翅目	椿象	体中、大形，大多扁平，触角丝状，刺吸式口器。前翅基半部硬化，端半部膜质，称为半鞘翅，后翅膜质。无尾须。大多为陆栖性，为害树体吸食汁液，属不完全变态
鞘翅目	金龟子、瓢虫、象甲、叶蝉、吉丁虫、天牛	体坚硬，大小不等，咀嚼式口器。前翅角质，称鞘翅，后翅膜质或无后翅。大多数种类为植食性，少数种类为捕食性，如瓢虫科的黑缘红瓢虫专食球坚介壳虫和蚜虫
鳞翅目	蝶类、蛾类	体大小不等，虹吸式口器；翅膜质密被鳞片。蛾类触角多为丝状、梳状、羽毛状，成虫夜间活动，如卷叶蛾、夜蛾、枯叶蛾、刺蛾等。蝶类触角为球杆状，成虫白天活动，如映蝶、粉蝶
膜翅目	蜂类、蚂蚁	体小形至中形，咀嚼式口器，只有蜜蜂为刺吸式，翅膜质，透明，前翅大于后翅，翅脉变异大，雌虫产卵器发达
双翅目	蝇、虻、蚊	体小至中型，舔吸式或刺吸式口器。前翅膜质透明，后翅退化成平衡棍。复眼大

二、根据寄主被害状来识别

不同种类的害虫，为害状不同。

（1）直翅目成虫、若虫，鞘翅目、鳞翅目幼虫及部分成虫均为咀嚼式口器昆虫，常食害果树的根、茎、叶、花、果，在被害部位常有咬伤、咬断、蛀食的痕迹以及虫粪等特征。

（2）半翅目、同翅目的成虫、若虫，常将口喙插入寄主叶、枝组织内刺吸汁液，使被害部位组织变色，树势衰弱，造成叶片脱落或枝条枯死，如蚜虫、木虱、蚧虫，还能排泄出黏质的排泄物，可用于识别。

（3）被害状与害虫口器的类型和为害习性关系密切，即使口器相同，不同种害虫，其为害方式、寄主表现也有不同特征。如梨大食心虫和梨小食心虫都能蛀食梨的果实，但蛀孔部位、蛀道形状、排粪习性等都不一样。苹蚜和苹果瘤蚜刺吸苹果叶片汁液，造成卷叶，但前者叶横卷，后者叶纵卷，可进行鉴别。

三、果树各部位害虫为害状的识别

果树各部位害虫为害状的识别见表 9-8。

表 9-8 果树各部位害虫为害状的识别

<table>
<tr><th>害虫</th><th colspan="2">为 害 状</th></tr>
<tr><td rowspan="3">为害根部害虫</td><td rowspan="3">咬伤或咬断根际部分皮层，幼根，使植株生长衰弱甚至枯死，多为地老虎、金针虫、蛴螬、蝼蛄、天牛</td><td>把地表根际皮层咬坏，有时还把被害果苗拉到土窝去的多为地老虎</td></tr>
<tr><td>咬坏根部，地表有明显坠道为蝼蛄，无明显坠道为蛴螬、金针虫</td></tr>
<tr><td>粗根木质部被蛀食，且蛀道不规则者多为天牛，如红颈天牛</td></tr>
<tr><td rowspan="3">为害枝、干的害虫</td><td rowspan="3">食害枝、干皮层或木质部，幼虫蛀道多不规则，直接影响水分、养分的输导，严重时枝、干枯萎折断，甚至整株枯死，多为天牛、木蠹蛾、透翅蛾、吉丁虫等</td><td>蛀食木质部，蛀槽不规则，较深、长，每隔一定距离有一排粪孔，向外排出粪便，多为天牛和木蠹蛾，但天牛幼虫一般为白色，无足，木蠹蛾幼虫一般为红色、有足</td></tr>
<tr><td>蛀食枝、干皮层，使木质部同韧皮部内外分离，多为吉丁虫</td></tr>
<tr><td>为害皮层、形成层或髓部的多为透翅蛾；吸食枝、干汁液，削弱树势，造成枝、干枯死，多为介壳虫</td></tr>
</table>

续表

害虫	为害状
为害叶部害虫	为害嫩叶,咬食叶片呈不规则缺刻,严重者吃光叶,多为金龟子、天蛾、毛虫
	用口器刺入叶组织吸吃汁液,被害叶呈灰白色、黄褐色,焦枯,提早脱落,多为蝽象、网蝽、蚜虫、介壳虫、螨类等
	潜入叶组织为害,潜食叶肉,有细线虫道或椭圆形斑块,多为潜叶蛾
	卷叶为害,幼虫吐丝缀叶,把叶片卷成各种形状,幼虫在其中食害,多为卷叶蛾、蛾螟
为害果实的害虫	幼虫蛀入果内,蛀食果肉、果心,蛀孔周围变异,蛀果面有虫粪或果内充满粪便,被害果变形或不变形,多为食心虫,包括蛀果蛾、小卷叶蛾、浇蛾、卷叶蛾
	蛾子从管状口器刺吸果实汁液,被害果呈海绵状,易腐烂,脱落,多为吸果夜蛾
	果树害虫除了绝大部分是属于昆虫外,还有少数螨类
	螨类中叶螨和瘿螨是多种果树上的重要害虫,主要叶螨有山楂红蜘蛛、苹果红蜘蛛等

第四节 果树病虫害科学防治技术

一、果树病虫为害的特点与防治的基础性措施

1. 搞好果园卫生是防治果树病虫害的重要基础措施

果树为多年生栽培植物，果园建成后，病虫种类和数量逐年累积，多数病菌和害虫就地在本园（本地）越冬，病虫害一旦在本园（本地）定殖就很难根除。且果树受病虫为害，不仅对当年果品产量和质量有影响，且影响以后几年的收成。搞好果园卫生、清除田间菌源、降低害虫越冬基数是防治果树病虫害的重要措施之一。

2. 防治虫害是防治某些病害的重要措施之一

一种果树会受到多种病虫为害，虫害严重发生时常常诱发某些病害严重发生。一些害虫是某些病毒病害和类菌原体病害的传病媒介，一些害虫还能传播某些细菌病害，如核桃举肢蛾能够传播核桃

黑腐病。

3. 果树易出现营养缺乏

果树多年在一地生长、开花、结果，长期从固定一处土壤中吸取营养，如不注意改良土壤、增施有机肥料，易出现营养缺乏，尤其是易因某种微量元素缺乏而出现相应的生理病害。

4. 一些病虫害可通过无性繁殖材料进行传播、蔓延，且很多危险病虫害可通过繁殖材料进行远距离传播

果树一般采用嫁接、插条、根蘖苗等方法进行无性繁殖。病毒病害和类菌原体病害都能通过无性繁殖材料进行传染，给病毒病害和类菌原体病害的防治及防止扩大蔓延带来很大困难。苹果的很多病毒病害、苹果锈果病、枣疯病等可通过无性繁殖材料传播、扩大蔓延。培育无毒、无病苗木是果树生产中亟须解决的问题。

很多危险病虫害可通过苗木、接穗等繁殖材料进行远距离传播，严格植物检疫是防止危险病虫传入尚未发生地区的关键措施。

5. 加强栽培管理，强壮树势，可防止病害发生、蔓延

果树进入结果期后，常由于结果过多而肥水管理跟不上，使树势急剧减退，抗病能力下降，使潜伏在枝干上的病菌特别是腐生性较强的一类病菌迅速扩展为害。加强栽培管理，培育壮树应加以重视。

6. 非侵染性病害常为侵染性病害发生创造有利条件

果树的不同类别病害之间关系密切，往往互为因果。非侵染性病害常为侵染性病害创造了发生发展的有利条件。侵染性病害的发生会降低果树对不良环境条件的抵抗力。

7. 果树根系病害防治困难

果树的根系非常庞大，入土也较深，常因缺氧而窒息，妨害根系的正常生命活动，在土壤黏重、地下水位较高、低洼湿涝地的果园更突出。根系生命活动减弱必然影响地上部的生活力，根部本身也易招致寄生菌和腐生菌的侵染。由于根系在地下，对根部病害的防治一般较地上部病害困难。

二、果树病害防治的基本方法

果树病虫害防治的基本方法有植物检疫、农业防治、生物防治、物理防治和化学防治。

1. 植物检疫

(1) 概念　植物检疫是国家保护农业生产的重要措施，它是由国家颁布条例和法令，对植物及其产品，特别是苗木、接穗、插条、种子等繁殖材料进行管理和控制，防止危险性病、虫、杂草传播蔓延。

(2) 植物检疫的主要任务

① 禁止危险性病、虫、杂草随着植物或其产品由国外输入和由国内输出。

② 将在国内局部地区已发生的危险性病、虫、杂草封锁在一定的范围内，不让它传播到尚未发生的地区，并且采取各种措施逐步将其消灭。

③ 当危险性病、虫、杂草传入新区时，采取紧急措施，就地彻底肃清。

2. 农业防治

农业防治是通过合理采用一系列栽培措施，调节病原物、寄主和环境条件间的关系，给果树创造利于生长发育而不利于病原物生存繁殖的条件，减少病原物的初侵染来源，降低病害的发展速度，减轻病害的发生。农业防治是最基本的防治方法。

农业防治的主要措施有栽植优质无病毒苗木、选择抗病虫优良品种；搞好果园清洁，及时剪除果树生长期病虫叶、果、枝，彻底清除枯枝落叶，刮除树干老翘裂皮，人工捕捉、翻树盘、覆草、铺地膜，减少病虫源，降低病虫基数；加强肥水管理、合理负载，提高树体抗病虫能力；合理密植、修剪、间作，保证树体通风透光；果实套袋，减少病虫、农药感染；不与不同种果树混栽，以防次要病虫上升为害；果园周围 5 千米范围内不栽植桧柏，以防锈病流行；适期采收和合理储藏。

3. 生物防治

生物防治是利用有益生物及其产物来控制病原物的生存和活动，减轻病害发生的方法。如创造利于天敌昆虫繁殖的生态环境，保护、利用瓢虫、草蛉、捕食螨等自然昆虫天敌；养殖、释放赤眼蜂等天敌昆虫；应用有益微生物及其代谢产物防治病虫，如土壤施用白僵菌防治桃小食心虫；利用昆虫性外激素诱杀或干扰成虫交配。

4. 物理防治

利用各种物理因子、人工和器械控制病虫害的一种防治方法。可根据病虫害生物学特性，采取设置阻隔、诱集诱杀、树干涂白、树干涂黏着剂、人工捕杀害虫等方法。

（1）设置阻隔　根据害虫的生活习性，设置阻隔措施，破坏害虫的生存环境以减轻害虫为害。如在防治果树上的春尺蠖时，采用在果树主干上涂抹黏虫胶、束塑料薄膜或树干基部堆细沙等办法阻止无翅雌虫上树产卵。

果实套袋能显著改善果实外观质量，使果点浅小、果皮细腻、果面洁净，可有效防治果实病虫害，减轻果品的农药残留及对环境的污染，是生产高档果品的主要技术措施。

（2）诱集诱杀　是利用害虫的趋性或其他生活习性进行诱集，配合一定的物理装置、化学毒剂或人工加以处理来防治害虫的一类方法。

① 灯光诱杀　许多昆虫有不同程度的趋光性，利用害虫的趋光性，可采用黑光灯、双色灯等引诱许多鳞翅目、鞘翅目害虫，结合诱集箱、水盆或高压电网诱集后直接杀死害虫。

② 食饵诱杀　是利用有些害虫对食物气味有明显趋向性的特点，通过配制适当的食饵，利用趋化性诱杀害虫。如配制糖醋液（适量杀虫剂、糖6份、醋3份、酒1份、水10份）可诱杀卷叶蛾等鳞翅目成虫和根蛆类成虫；撒播带香味的麦麸、油渣、豆饼、谷物制成的毒饵可毒杀金龟子等地下害虫。

③ 潜所诱杀　是根据害虫的潜伏习性，制造各种适合场所引

诱害虫来潜伏，然后及时杀灭害虫。如秋冬季在果树上束药带或束用药处理过的草帘，诱杀越冬的梨小食心虫、梨星毛虫和苹果蠹蛾幼虫等，可以减少翌年的虫口数量。

（3）树干涂白、涂黏着剂　树干涂白，可预防日烧和冻裂，延迟萌芽和开花期，可兼治枝干病虫害。涂白剂的配方为生石灰：食盐：大豆汁：水=12：2：0.5：36。涂黏着剂可直接黏杀越冬孵化康氏粉蚧、越冬叶螨等出蛰上树为害的害虫。

（4）人工捕杀害虫　根据害虫发生特点和生活习性，使用简单的器械直接杀死害虫或破坏害虫栖息场所。在害虫发生初期，可采用人工摘除卵块和初孵群集幼虫、挑除树上虫巢或冬季刮除老树皮、翘皮等。剪去虫枝或虫梢，刮除枝、干上的老皮和翘皮能防治果树上的蚧类、蛀杆类及在老皮和翘皮下越冬的多种害虫。

5. 化学防治

化学防治指使用化学药剂来防治植物病害，作用迅速、效果显著、方法简便。但化学药剂如果使用不当，容易造成对环境及果品和蔬菜的污染，同时长时间连续使用同一类药剂，容易诱发病原物产生耐药性，降低药剂的防治效果。化学药剂的合理使用应注意药剂防治和其他防治措施配合。

三、农药的合理安全使用

1. 农药分类

根据防治对象不同，农药大致可分为杀虫剂、杀螨剂、杀菌剂、杀线虫剂、除草剂、杀鼠剂与植物生长调节剂等。

（1）杀虫剂　杀虫剂是用来防治农、林、卫生及储粮害虫的农药，按作用方式不同可分为以下几类。

① 胃毒剂　通过害虫取食，经口腔和消化道引起昆虫中毒死亡的药剂，如敌百虫等。

② 触杀剂　通过接触表皮渗入害虫体内使之中毒死亡的药剂，如异丙威（叶蝉散）等。

③ 熏蒸剂　通过呼吸系统以毒气进入害虫体内使之中毒死亡

的药剂，如溴甲烷等。

④ 内吸剂　能被植物吸收，并随植物体液传导到植物各部或产生代谢物，在害虫取食植物汁液时能使之中毒死亡的药剂，如乐果等。

⑤ 其他杀虫剂　忌避剂，如驱蚊油、樟脑；拒食剂，如拒食胺；黏捕剂，如松脂合剂；绝育剂，如噻替派、六磷胺等；引诱剂，如糖醋液；昆虫生长调节剂，如灭幼脲Ⅲ。这类杀虫剂本身并无多大毒性，是以其特殊的性能作用于昆虫。一般将这些药剂称为特异性杀虫剂。

(2) 杀菌剂　杀菌剂是用以预防或治疗植物真菌或细菌病害的药剂。按作用、原理可分为以下几类。

① 保护剂　在病原菌未侵入之前用来处理植物或植物所处的环境（如土壤）的药剂，以保护植物免受危害，如波尔多液等。

② 治疗剂　用来处理病菌已侵入或已发病的植物，使之不再继续受害，如硫菌灵（托布津）等。按化学成分可分为无机铜制剂、无机硫制剂、有机硫制剂、有机磷杀菌剂、农用抗生素等。

(3) 杀螨剂　杀螨剂是用来防治植食性螨类的药剂，如炔螨特（克螨特）等。按作用方式多归为触杀剂，也有内吸作用。

(4) 杀线虫剂　杀线虫剂是用来防治植物线虫病害的药剂。

(5) 除草剂　除草剂是用来防除杂草和有害生物的药剂。

2. 农药的剂型

化学农药主要剂型有粉剂、可湿性粉剂、乳油和颗粒剂等。

(1) 粉剂　粉剂由原药和惰性稀释物（如高岭土、滑石粉）按一定比例混合粉碎而成。粉剂中有效成分含量一般在10%以下。低浓度粉剂供常规喷粉用，高浓度粉剂供拌种、制作毒饵或土壤处理用。

优点是加工成本低，使用方便，不需用水。缺点是易被风吹雨淋脱落，药效一般不如液体制剂，易污染环境和对周围敏感作物产生药害。可通过添加黏着剂、抗漂移剂、稳定剂等改进其性能。

(2) 可湿性粉剂　可湿性粉剂由原药和少量表面活性剂（湿润

剂、分散剂、悬浮稳定剂等）以及载体（硅藻土、陶土）等一起经粉碎混合而成。可湿性粉剂的有效成分含量一般为25%～50%，主要供喷雾用，也可作灌根、泼浇使用。

（3）乳油　乳油是农药原药按有效成分比例溶解在有机溶剂（如苯、二甲苯等）中，再加入一定量的乳化剂配制成透明均相的液体。乳油加水稀释可自行乳化形成不透明的乳浊液。乳油因含有表面活性很强的乳化剂，它的湿润性、展着性、黏着性、渗透性和持效期都优于同等浓度的粉剂和可湿性粉剂。乳油主要供喷雾使用，也可用于涂茎（内吸药剂）、拌种、浸种和泼浇等。

（4）颗粒剂　颗粒剂是由农药原药、载体和其辅助剂制成的粒状固体制剂。颗粒剂的制备方法较多，常采用包衣法。颗粒剂具有持效期长、使用方便、对环境污染小、对益虫和天敌安全等优点。颗粒剂可供作根施、穴施、与种子混播、土壤处理或撒入心叶用。

（5）烟雾剂　烟雾剂由原药加入燃料、氧化剂、消燃剂、引芯制成。点燃后燃烧均匀，成烟率高，无明火，原药受热气化，再遇冷凝结成微粒飘浮于空间。多用于温室大棚、林地及仓库病虫害。

（6）水剂　水剂是指用水溶性固体农药制成的粉末状物。可兑水使用。成本低，但不宜久存，不易附着于植物表面。

（7）片剂　片剂是指原药加入填料制成的片状物。

（8）其他剂型　随着农药加工技术的不断进步，各种新的剂型被陆续开发利用。如微乳剂、固体乳油、悬浮乳剂、可流动粉剂、漂浮颗粒剂、微胶囊剂、泡腾片剂等。

3. 用药原则

（1）全面禁止使用的农药（23种）　六六六，滴滴涕，毒杀芬，二溴氯丙烷，杀虫脒，二溴乙烷，除草醚，艾氏剂，狄氏剂，汞制剂，砷、铅类，敌枯双，氟乙酰胺，甘氟，毒鼠强，氟乙酸钠，毒鼠硅，甲胺磷，甲基对硫磷，对硫磷，久效磷和磷胺等农药全面禁止使用。

（2）禁止在果树上使用的农药　甲拌磷，甲基异柳磷，特丁硫磷，甲基硫环磷，治螟磷，内吸磷，克百威，涕灭威，灭线磷，硫环磷，蝇毒磷，地虫硫磷，氯唑磷，苯线磷。

4. 农药的合理使用

（1）正确选药　在施药前应根据实际情况选择合适的药剂品种，对症下药，避免盲目用药。应根据不同的防治对象对药剂的敏感性、不同作物种类对药剂的适应性、不同用药时期对药剂的不同要求等，选择适宜的药剂品种及剂型。

（2）适时用药　掌握病虫害的发生发展规律，抓住有利时机用药，提高防治效果。如一般药剂防治害虫时应在初龄幼虫期，防治过迟，防治效果越差。药剂防治病害时，一定要用在寄主发病前或发病早期，保护性杀菌剂必须在病原物接触侵入寄主前使用。还要考虑气候条件及物候期。

（3）适量用药　应根据用药量标准施用农药。不可任意提高浓度、加大用药量或增加使用次数。在用药前清楚农药的规格，即有效成分的含量，再确定用药量。

（4）交互用药　长期使用一种农药防治某种害虫或病菌，易产生耐药性，防治效果降低。应轮换用药，尽可能选用不同作用机制的农药。

（5）农药混用与复配　将 2 种或 2 种以上的对病虫有不同作用机制的农药混合使用，兼治几种病虫、提高防治效果。农药混合后它们之间应不产生化学和物理变化，才可以混用。

农药复配要注意以下几方面。

① 2 种药剂复配后不能影响原药剂理化性质，不降低表面活性剂的活性，不降低药效。

② 酸性或中性农药（如有机磷、氨基甲酸酯类、拟除虫菊酯类等含酯结构的农药）不要与碱性农药混合。

③ 对酸性敏感的农药（如敌百虫、久效磷、有机硫杀菌剂）不能与酸性农药混用。

④ 农药之间不会产生复分解反应。例如波尔多液与石硫合剂，虽然都是碱性药剂，但混合后会发生离子交换反应，使药剂失效甚至会产生药害。

⑤ 农药混用复配后对生物会产生联合效应，联合效应包括相加作用、增效作用及拮抗作用 3 种，可以通过共毒系数决定能否复配。一般认为共毒系数＞200 为增效，150～200 之间为微增效，70～150 为相加，＜70 为拮抗，显然有拮抗反应的 2 种农药是不能复配的。

(6) 防止产生药害　在果实上发生药害对品质造成很大影响，降低果品的经济价值。产生药害的原因如下。

① 不同药剂产生药害的程度及可能性不同　一般无机杀菌剂易产生药害，有机杀菌剂产生药害的可能性较小，植物性药剂及抗生素药害更小一些。同一类药剂，水溶性越大，发生药害的可能性越大。可湿性粉剂的可湿性差或乳剂的乳化性差，使药剂在水中分散不均匀；药剂颗粒粗大，在水中较易沉淀，搅拌不匀，会喷出高浓度药液而造成药害。

② 环境条件　一般在气温高、阳光强的条件下，药剂的活性增强，而且植物的新陈代谢作用加快，容易发生药害。

③ 用药方法　使用杀菌剂时，必须根据农药的具体性质、防治对象及环境因素等，选择相应的施药方法。

(7) 避免农药对环境和果品的污染　使用高效、低毒、低残留的杀菌剂，逐渐淘汰高毒、高残留及广谱性杀菌剂。选择适宜的用药浓度、用药量及用药次数，避免滥用农药，化学防治和其他防治相结合的综合防治措施，减少对杀菌剂的依赖。

四、主要杀菌剂

1. 有机硫杀菌剂

有机硫杀菌剂具有高效、低毒、药害轻、杀菌谱广等特点。

(1) 代森锰锌　化学名称为亚乙基双二硫代氨基甲酸锰和锌离子的配位化合物。剂型有 70％可湿性粉剂、25％悬浮剂。70％可湿性粉剂，使用浓度 800～1000 倍。可用于防治炭疽病等。

(2) 代森锌　化学名称为亚乙基-1,2-双二硫代氨基甲酸锌。该药吸湿性强，在日光下不稳定，但挥发性小，遇碱或含铜药剂易

分解。对人、畜低毒；对植物安全，一般不会引起药害。剂型有60%、65%及80%可湿性粉剂。使用浓度一般为500～1000倍。可用于防治果树的霜霉病、炭疽病。

(3) 代森铵　化学名称为亚乙基双硫代氨基甲酸铵。有保护和治疗作用。对人、畜低毒。制剂为45%水剂，常用浓度为1000倍。可用于防治果树根腐病等。

(4) 福美双　化学名称为四甲基二硫代双甲硫羰酰胺。遇酸易分解，不能与含铜、汞药剂混用。对人、畜毒性小。剂型为50%可湿性粉剂，用500～800倍防治炭疽病。

2. 有机磷杀菌剂

乙磷铝，又名疫霜灵。化学名称为三乙基磷酸铝。对人畜基本无毒。该药为优良内吸性杀菌剂，有双向传导作用，具保护和治疗作用。90%可溶粉剂使用浓度为600～1000倍；40%可湿性粉剂使用浓度为300～500倍。对霜霉属和疫霉属菌物引起的病害有较好的防效。

3. 取代苯类杀菌剂

(1) 甲基托布津　又名甲基硫菌灵。化学名称为1,2-双(3-甲氧羰基-2-硫酰脲)苯。为广谱性内吸杀菌剂。对人畜较安全。剂型有50%、70%可湿性粉剂，使用浓度为1000～1500倍。可用于防治炭疽病、褐斑病等。

(2) 百菌清　化学名称为2,4,5,6-四氯-1,3-苯二甲腈。常温下稳定，对紫外线稳定，耐雨水冲刷，不耐强碱。对人畜毒性低，但对皮肤和黏膜有刺激性。剂型为75%可湿性粉剂，使用浓度为500～800倍。为广谱性保护剂，对多种真菌病害有效。用于防治黑星病、白粉病等。

(3) 甲霜灵　又名瑞毒霉、雷多米尔。化学名称为D,L-*N*-(2,6-二甲基苯基)-*N*-(2′-甲氧基乙酰)丙氨酸甲酯。毒性低，内吸性能好，可上下传导，兼具保护和治疗作用。剂型为25%可湿性粉剂，使用浓度为1500～2000倍。用于防治霜霉病、褐腐病、疫病等。

4. 有机杂环类杀菌剂

(1) 多菌灵　为苯并咪唑类化合物。化学名称为苯并咪唑基-2-氨基甲酸甲酯。剂型有25%、50%可湿性粉剂，使用浓度为1000～1500倍。是一种高效、低毒、广谱性内吸杀菌剂，可用于防治子囊菌门和半知菌类真菌引起的多种植物病害等。

(2) 三唑酮　又名粉锈宁。化学名称为1-(4-氯苯氧基)-3,3-二甲基-1-(1,2,4-三氮唑-1-基)-2-丁酮。对人畜毒性低，对蜜蜂安全。是内吸性很强的杀菌剂，有保护、治疗和铲除作用。剂型有15%和25%可湿性粉剂、1%粉剂。一般15%三唑酮使用浓度为1000～2000倍。主要用于治疗各种植物的白粉病和锈病。

(3) 苯莱特　又称苯菌灵。化学名称为1-正丁氨基甲酰-2-苯并咪唑氨基甲酸酯。剂型一般为50%可湿性粉剂，使用浓度为1000～1500倍。为高效、低毒、广谱性内吸杀菌剂，在果实采收前3周应停止应用。

(4) 烯唑醇　又称S-3308L、速保利。化学名称为(*E*)-1-(2,4-二氯苯基)-4,4-二甲基-2-(1,2,4-三唑-1-基)-1-戊烯-3-醇。纯品为白色颗粒，除碱性物质外，可与大多数农药混用，是具有保护、治疗、铲除和内吸向顶传导作用的广谱杀菌剂。剂型有2%、5%和12.5%可湿性粉剂，50%乳剂。12.5%的可湿性粉剂使用浓度为2000～3000倍。

5. 抗生素

(1) 链霉素　是灰链丝菌分泌的抗生素。工业品多制成硫酸盐或盐酸盐。农业上利用其粗制品或下脚料。纯品为白色无臭但有苦味的粉末，对人、畜低毒。链霉素有很好的内吸治疗作用，主要用于防治各种细菌引起的病害。剂型为72%农用硫酸链霉素可溶性粉剂。

(2) 抗霉菌素120　为嘧啶核苷类抗生素。该抗生素有效组分为核苷类抗生素，不仅具有抗多种植物病原菌的作用，还兼有刺激作物生长的效应。具有选择性毒性，对人畜无害，易被土壤微生物降解，在植物体内存留时间一般不超过72小时。剂型有2%和4%

水剂，2%水剂使用浓度200倍液，可用于防治果树各种白粉病、炭疽病、锈病、腐烂病、流胶病。

(3) 多抗霉素 又名多氧霉素。为肽嘧啶核苷类抗生素，具有较好的内吸传导作用，为广谱性杀菌剂，具有保护和治疗作用，对人畜低毒。剂型有1.5%、2%、3%和10%可湿性粉剂。1.5%可湿性粉剂可使用300倍液。对灰霉病、斑点落叶病等有效。主要用于防治链格孢属真菌引起的病害。

6. 无机杀菌剂

(1) 波尔多液 波尔多液是用硫酸铜和石灰乳配制而成的药液，天蓝色。主要有效成分是碱式硫酸铜，是一种杀菌力强、持续时间长的杀菌剂。喷布在植物上，受到植物分泌物、空气中的二氧化碳以及病菌孢子萌发时分泌的有机酸等的作用，逐渐游离出铜离子，铜离子进入病菌体内，使细胞中原生质凝固变性，造成病菌死亡。该药剂几乎不溶于水，是一种胶状悬液，喷到植物表面后黏着力强，不易被雨水冲刷，残效期可达15～20天。

波尔多液的防病范围很广，可以防治多种果树病害，如霜霉病、黑痘病、疫病、炭疽病、溃疡病、疮痂病、锈病、黑星病等。使用时要根据不同果树对硫酸铜和石灰的敏感程度，来选择不同配比的波尔多液，以免造成药害。对铜离子较敏感的是核果类、仁果类、柿等，其中以桃、李和柿最敏感。桃树生长期不能使用波尔多液；柿树上要用石灰多量式的稀波尔多液。对石灰较为敏感的是葡萄等，一般要用半量式波尔多液。作伤口保护剂，常配成波尔多浆。配制比例是硫酸铜∶石灰∶水∶动物油＝1∶3∶15∶0.4。

根据硫酸铜和石灰的比例，波尔多液可分为等量式（1∶1）、半量式（1∶0.5）、倍量式（1∶2）、多量式［1∶(3～5)］和少量式［1∶(0.25～0.4)］等类别。波尔多液的倍数，表示硫酸铜与水的比例，例如200倍的波尔多液表示在200份水中有1份硫酸铜。在生产实践中，常用两者的结合，表示波尔多液的配合比例。例如160倍等量式波尔多液，配合比例为硫酸铜∶石灰∶水＝1∶1∶160；240倍半量式波尔多液的配合比例为1∶0.5∶240等。

波尔多液的配制方法有如下两种。

两液法：取优质的硫酸铜晶体和生石灰分别放在两个容器中，先用少量水消化石灰和少量的热水溶解硫酸铜，然后分别加入全水量的1/2，配制成硫酸铜液和石灰乳，待两种液体的温度相等且不高于室温时，将两种液体同时徐徐倒入第三个容器内，边倒边搅拌即成。此法配制的波尔多液质量高。

稀铜浓灰法：以9/10的水量溶解硫酸铜，用1/10的水量消化生石灰（搅拌成石灰乳），然后将稀硫酸铜溶液缓慢倒入浓石灰乳中，边倒边搅拌即成。注意绝不能将石灰乳倒入硫酸铜溶液中，否则会产生络合物沉淀，降低药效，产生药害。

配制时注意事项如下。

① 选用高质量的生石灰和硫酸铜。

生石灰以白色、质轻、块状的为好，尽量不要使用消石灰，若用消石灰，也必须用新鲜的，而且用量要增加30%左右。硫酸铜最好用纯蓝色的，不夹带有绿色或黄绿色的杂质。

② 配制时水温不宜过高，一般不超过室温。

③ 波尔多液对金属有腐蚀作用，配制时不要用金属容器，最好用陶器或木桶。

④ 刚配好后悬浮性能很好，有一定稳定性，但放置时间过长悬浮的胶粒就会互相聚合沉淀并形成结晶，黏着力差，药效降低。使用波尔多液时应现配现用，不宜久放。

(2) 石硫合剂　是用生石灰、硫黄粉和水熬制而成的一种深红棕色透明液体，呈强碱性，有臭鸡蛋味。有效成分为多硫化钙。多硫化钙的含量与药液密度呈正相关，常用波美比重计测定，以波美度表示其浓度。

熬制方法：生石灰1份、硫黄粉2份、水12～15份。把足量的水放入铁锅中加热，放入生石灰制成石灰乳，煮至沸腾时，把事先用少量水调成糨糊状的硫黄浆徐徐加入石灰乳中，边倒边搅拌，同时记下水位线，以便随时添加开水，补足蒸发掉的水分。大火煮沸45～60分钟，并不断搅拌。待药液熬成红褐色，锅底的渣滓呈

黄绿色即成。按上述方法熬制的石硫合剂，一般可以达到22～28波美度。

熬制石硫合剂注意事项如下。

一定要选择质轻、洁白、易消解的生石灰；硫黄粉越细越好，最低要通过40号筛目；前30分钟熬煮火要猛，以后保持沸腾即可；熬制时间不要超过60分钟，但也不能低于40分钟。

石硫合剂可用于各种果树病害的休眠期防治。它的使用浓度随防治对象和使用时的气候条件而变。果树休眠期使用5波美度。

波尔多液的稀释倍数可按下列公式计算。

$$\text{加水稀释倍数}=\frac{\text{原液波美度}}{\text{需要稀释的波美度}}-1$$

五、主要杀虫剂

1. 特异性昆虫生长调节剂类

又称特异性杀虫剂。药剂选择性特强，仅对某种特定的害虫有效，对人畜安全，对环境污染较小，对害虫的天敌负面影响也小，是无公害园艺作物生产中害虫防治的首选药剂。杀虫机理不是直接杀死害虫，而是通过引起昆虫生理上的特异反应，抑制昆虫的正常生理代谢，引起发育和繁殖受阻，导致害虫死亡。

(1) 灭幼脲　又叫灭幼脲1号、3号，苏脲1号。属低毒杀虫剂。本品主要是胃毒作用。田间残效期15～20天，对人、畜和天敌昆虫安全。用于防治黏虫、松毛虫、美国白蛾、柑橘全爪螨、菜青虫、小菜蛾等。灭幼脲施药后3～4天始见效果，需适当提早使用，也不宜与碱性物质混合。制剂为25%灭幼脲3号悬浮剂。

(2) 除虫脲　又叫敌灭灵。属低毒药剂。对昆虫主要是胃毒和触杀作用。用于防治黏虫、玉米螟及蔬菜、园林上的鳞翅目幼虫。剂型为20%除虫脲悬浮剂。

(3) 定虫隆　又名抑太保。胃毒作用为主，兼有触杀性。对鳞翅目幼虫有特效，但一般用药后3～5天才能见效，与其他杀虫剂无交互耐药性，对家蚕高毒。对小菜蛾、菜青虫、甜菜夜蛾、斜纹夜蛾等多种对有机磷、拟除虫菊酯类农药产生抗性的鳞翅目害虫有较高防治效果。剂型为5%乳油。

(4) 氟苯脲 又名农梦特、伏虫隆、特氟脲。毒性和杀虫机理同灭幼脲3号，对鳞翅目幼虫有特效，尤其防治对有机磷、拟除虫菊酯类农药等产生抗性的鳞翅目和鞘翅目害虫有特效，宜在卵期和低龄幼虫期应用，但对叶蝉、飞虱、蚜虫等刺吸式口器害虫无效。剂型为5%乳油。

(5) 氟虫脲 又名卡死克，是一种低毒的酰基脲类杀虫、杀螨剂。毒性和杀虫机理同灭幼脲3号，具有触杀和胃毒作用，可有效地防治果树、蔬菜、花卉、茶、棉花等作物的鳞翅目、鞘翅目、双翅目、同翅目、半翅目害虫及各种害螨。剂型为5%乳油。

(6) 氟铃脲 又名盖虫散，属苯甲酰基脲类杀虫剂，是几丁质合成抑制剂，具有很高的杀虫和杀卵活性，而且速效，尤其防治棉铃虫，用于蔬菜、果树、棉花等作物防治鞘翅目、双翅目、同翅目和鳞翅目多种害虫。剂型为5%乳油。

(7) 杀铃脲 又名杀虫隆、氟幼灵，有高效、低毒、低残留等优点。该杀虫剂与25%灭幼脲相比，杀卵、虫效果更好，持效期长。剂型为20%悬浮剂。防治金纹细蛾的适宜浓度为8000倍液；防治桃小食心虫，在成虫产卵初期、幼虫蛀果前喷6000～8000倍液。

(8) 丁醚脲 又名宝路，是一种新型硫脲类、低毒、选择性杀虫杀螨剂。具有内吸、熏蒸作用，广泛应用于防治果树、蔬菜、茶和棉花的蚜虫、叶蝉、粉虱、小菜蛾、菜粉蝶、夜蛾等害虫，但对鱼和蜜蜂的毒性高。应注意施用地区和时间。剂型为50%宝路可湿性粉剂。

(9) 抑食肼 又名虫死净。属中毒昆虫生长调节剂。以胃毒为主，施药后2～3天见效，持效期长，适用于防治蔬菜、果树和粮食作物等的多种害虫。剂型为20%可湿性粉剂。

(10) 扑虱灵 又名稻虱净。化学名称为噻嗪酮。是一种选择性昆虫生长调节剂，具有药效高、残效期长、残留量低和对天敌较

安全的特点，对同翅目飞虱科、叶蝉科、粉虱科中一些害虫有特效，其杀虫作用为胃毒和触杀，无熏蒸作用，通过抑制害虫几丁质合成使若虫在蜕皮过程中死亡。但对害虫以杀若虫为主，具一定杀卵作用，不杀成虫，击倒作用差。用于防治飞虱、叶蝉、介壳虫、粉虱等。

(11) 吡虫啉 吡虫啉又名蚜虱净、扑虱蚜、比丹、康福多、高巧等，是一种硝基亚甲基化合物，属于新型拟烟碱类、低毒、低残留、超高效、广谱、内吸性杀虫剂，有较高的触杀和胃毒作用。害虫接触药剂后，中枢神经正常传导受阻，麻痹死亡。速效，且持效期长，对人、畜、植物和天敌安全。适于防治果树、蔬菜、花卉、经济作物等的蚜虫、粉虱、木虱、飞虱、叶蝉、蓟马、甲虫、白蚁及潜叶蛾等害虫。剂型为10%和25%吡虫啉可湿性粉剂、20%康福多浓可溶剂、70%艾美乐水分散粒剂等。

(12) 虫酰肼 又名米螨。毒性低，属促进鳞翅目幼虫蜕皮的新型仿生杀虫剂。具胃毒作用，幼虫食后6～8小时停食，3～4天后死亡。可用于防治蔬菜、果树、林木上的鳞翅目害虫。剂型为24%悬浮剂。

2. 拟除虫菊酯类杀虫剂

(1) 氯菊酯 又名二氯苯醚菊酯、除虫精。属低毒杀虫剂。具有触杀和胃毒作用，杀虫谱广，可用于防治果树上多种害虫，尤其适用于卫生害虫的防治。剂型为10%氯菊酯乳油。

(2) 溴氰菊酯 又名敌杀死。毒性中等。用于防治棉铃虫、桃小食心虫等。剂型为2.5%乳油。

(3) 氰戊菊酯 又名速灭杀丁、速灭菊酯。属中等毒性杀虫剂。杀虫谱广，对天敌无选择性，以触杀、胃毒作用为主，适用于防治果树、蔬菜、多种花木上的害虫。剂型为20%乳油。

(4) 氯氰菊酯 又称兴棉宝、安绿宝等。是一种高效、中毒、低残留农药。对人畜安全。对害虫有触杀和胃毒作用，并有拒食作用，但无内吸作用，杀虫谱广，药效迅速。可防治园林、果树、蔬菜上的多种鳞翅目害虫、蚜虫及蚧虫等。剂型为10%乳油、2.5%

高渗乳油和4.5%高效氯氰菊酯乳油。

(5) 顺式氯氰菊酯　又名高效氯氰菊酯。属中毒农药。对昆虫有很高的胃毒和触杀作用，击倒性强，且具杀卵活性。在植物上稳定性好，能抗雨水冲刷。剂型为5%、10%乳油，防治对象同氯氰菊酯。

(6) 甲氰菊酯　又名灭扫利。中等毒性农药，有选择作用的杀虫杀螨剂，有较强的拒避和触杀作用，触杀幼虫、成虫与卵。对鳞翅目害虫、叶螨、粉虱、叶甲等有较高防治效果。剂型为20%乳油。

(7) 三氟氯氰菊酯　又名功夫菊酯。杀虫谱广，具极强的胃毒和触杀作用，杀虫作用快，持效期长。对鳞翅目害虫、蚜虫、叶螨等均有较高的防治效果。剂型为5%乳油。

3. 有机磷杀虫剂

(1) 敌百虫　为高效、低毒、低残留、广谱性杀虫剂，纯品为白色结晶。易溶于水，但溶解速度慢，也能溶于多种有机溶剂，但难溶于汽油。具有胃毒（为主）和触杀（弱）作用，剂型为90%晶体、80%可溶水剂和2.5%粉剂等。对鳞翅目幼虫如梨食心虫、桃食心虫、松毛虫、刺蛾、袋蛾等有很好的防治作用。

(2) 辛硫磷　为高效、低毒、无残毒危险的有机磷杀虫剂。有触杀和胃毒作用，适于防治地下害虫，对鳞翅目幼虫有高效，也适用于喷雾防治果树害虫，如卷叶蛾、尺蛾、粉虱类等。在施入土中时，药效期可达1个多月。用于喷雾防治害虫时，极容易光解，药效期仅为2～3天。剂型为50%乳油。

(3) 蔬果磷　又名水杨硫磷。是高效中毒农药，具触杀作用，速效性和持效性好，剂型为40%乳油，适用于防治鳞翅目害虫、蚜虫、介壳虫、梨冠网蝽、天牛等。梨树对此药较敏感，应谨慎施用。

(4) 毒死蜱　又名乐斯本。是高效、中毒农药，有触杀、胃毒和熏蒸作用，剂型为40%乳油，适于防治各种鳞翅目害虫。对蚜虫、害螨、潜叶蝇也有较好防治效果，在土壤中残留期长，也可防治地下害虫。

4. 氨基甲酸酯类杀虫剂

(1) 西维因　通名甲萘威。有触杀兼胃毒作用，杀虫谱广，对

人畜低毒。一般使用浓度下对作物无药害。能防治果树的咀嚼式及刺吸式口器害虫，还可用来防治对有机磷农药产生抗性的一些害虫，可用于防治园林刺蛾、食心虫、潜叶蛾、蚜虫等。剂型有25%西维因可湿性粉剂。

(2) 抗蚜威　又称辟蚜雾。本品为高效、中等毒性、低残留的选择性杀蚜剂，具有触杀、熏蒸和内吸作用。植物根部吸收后，可向上输导。有速效性，持效期不长。可用于防治果树上的蚜虫，但对棉蚜效果很差。制剂为50%可湿性粉剂。

(3) 异丙威　又称叶蝉散、灭扑散。该药对飞虱、叶蝉科害虫具有强烈的触杀作用，对飞虱的击倒力强，药效迅速，但该药的残效期较短，一般只有3～5天。可用于防治果树飞虱、叶蝉等害虫。常用制剂为2%、4%异丙威粉剂，20%异丙威乳油，50%异丙威乳油。

(4) 硫双威　又名拉维因，是新一代的双氨基甲酸酯杀虫剂，高效、广谱、持久、安全，有内吸、触杀、胃毒作用，经口毒性高，但经皮毒性低，对鳞翅目害虫有较好的防治效果。商品剂型为75%可湿性粉剂、37.5%胶悬剂。

5. 沙蚕毒素类杀虫剂

(1) 杀虫双　杀虫双在土壤中的吸附力很小。有胃毒、触杀、熏蒸和内吸作用，特别是根部吸收力强。是一种较为安全的杀虫剂。对高等动物毒性较低。慢性毒性未发现异常。药效期一般只有7天左右。杀虫双对家蚕毒性大，在蚕桑区使用要谨慎，以免污染桑叶。剂型为25%水剂和3%颗粒剂。

(2) 巴丹　又叫杀螟丹。对人畜毒性中等。对害虫具有触杀和杀卵作用，对鳞翅目幼虫、半翅目害虫特别有效，可用于防治桃小食心虫、苹果卷叶蛾、梨星毛虫、蓟马、蚜虫等。巴丹对家蚕毒性大，使用时要采取措施，以免污染桑叶。制剂为50%可溶性粉剂。

6. 杀螨剂及其他

杀螨剂是指专门用来防治害螨的一类选择性的有机化合物。这类药剂化学性质稳定，可与其他杀虫剂混用，药效期长，对人畜、植物和天敌都较安全。

(1) 三氯杀螨醇　本品杀螨活性高，具较强的触杀作用，对成、若螨和卵均有效，可用于果树、花卉等作物防治多种害螨。制剂为20%乳油。

(2) 尼索朗　本品是一种噻唑烷酮类新型杀螨剂，对多种害螨具有强烈的杀卵、杀幼若螨的特性，对成螨无效，但接触药剂的雌成螨所产的卵不能孵化。残效期长，药效可保持50天左右。该药主要用于防治叶螨，对锈螨、瘿螨防效较差。剂型为5%乳油和5%可湿性粉剂。

(3) 克螨特　本品为低毒广谱性有机硫杀螨剂，具有触杀和胃毒作用，对成、若螨有效，杀卵效果差。使用时在20℃以上可提高药效，20℃以下随温度下降而递减。可用于防治蔬菜、果树、茶、花卉等多种作物的害螨。剂型为73%乳油。

(4) 螨卵酯　本品对螨卵和幼螨触杀作用强，对成螨防治效果很差。可与各种农药混用。用以防治朱砂叶螨、果树红蜘蛛等。加工剂型有20%可湿性粉剂和25%乳剂。

(5) 灭蜗灵　化学名称为四聚乙醛。灭蜗灵主要用于防治蜗牛和蛞蝓。可配成含2.5%～6%有效成分的豆饼或玉米粉的毒饵，傍晚施于田间诱杀。剂型有3.3%灭蜗灵5%砷酸钙混合剂，4%灭蜗灵5%氟硅酸钠混合剂。

7. 天然有机杀虫剂

(1) 微生物源杀虫剂

① 阿维菌素　又名爱福丁、阿巴丁、害极灭、齐螨素、虫螨克、杀虫灵等，是一种生物源农药，即真菌菌株发酵产生的抗生素类杀虫、杀螨剂，对人畜毒性高，对蔬菜、果树、花卉、大田作物和林木的蚜虫、叶螨、斑潜蝇、小菜蛾等多种害虫、害螨有很好的触杀和胃毒作用。剂型为0.9%、1.8%乳油或水剂。

② 苏云金杆菌　又名敌宝、包杀敌等。是一种低毒的微生物杀虫剂。该菌是革兰氏阳性土壤芽孢杆菌，在形成的芽孢内产生晶体（即δ-内毒素），进入昆虫中肠的碱性条件下降解为杀虫毒素。

(2) 植物源杀虫剂

① 苦参碱　又名苦参素，是一种利用有机溶剂从苦参中提取的低毒、广谱性植物源杀虫剂，具有胃毒、触杀作用，对蚜虫、蚧、螨和菜粉蝶、夜蛾、韭蛆、地下害虫等有明显的防治效果。剂型为0.2％、0.3％和3.6％水剂，1％醇溶液，1.1％粉剂。

② 茴香素　主要成分是山道年和百部碱，对人畜安全无毒，而对害虫具有胃毒和触杀作用，可用于防治菜青虫、蚜虫、食心虫、害螨、尺蠖等。制剂遇热、光和碱易分解。制剂为0.65％茴香素水剂。

③ 楝素　又名蔬果净，是一种低毒植物源杀虫剂，具有胃毒、触杀和拒食作用，但药效缓慢，主要用于防治蔬菜上的鳞翅目害虫。剂型为0.5％楝素杀虫乳油、0.3％印楝素乳油。

(3) 石油乳剂　它是石油、乳化剂和水按比例制成的。它的杀虫作用主要是触杀。石油乳剂能在虫体或卵壳上形成油膜。使昆虫及卵窒息死亡。该药剂是最早使用的杀卵剂。供杀卵用的含油量一般在0.2％～2％。一般来说，分子质量越大的油，杀虫效力越高，对植物药害也越大。不饱和化合物成分越多，对植物越易产生药害。防治园艺植物害虫的油类多属于煤油、柴油和润滑油。该药剂可用来防治果树林木的介壳虫。使用时注意不要污染环境，不要对植物产生药害。

8. 石硫合剂

石硫合剂可用于防治介壳虫、螨类等。可与其他有机杀虫剂交替使用防治螨类，以减少因长期使用同一种类杀虫剂而产生抗性的可能。因呈强碱性，有侵蚀昆虫表皮蜡质层的作用，对介壳虫和螨类有较好的防治效果。

第五节　核桃病害

一、核桃黑斑病

核桃黑斑病又名黑腐病，核桃发病后造成幼果腐烂和早期落果，不脱落的被害果，其核仁出油率低，对产量影响很大。

1. 症状

主要为害幼果和叶片、嫩枝及花器（图 9-2，图 9-3）。在叶脉处出现圆形、多角形的小褐斑，一般大小 3～5 毫米，潮湿时病斑外围有一水渍状晕圈，后互相愈合，叶片发黑、变脆，形成穿孔，致叶片残缺不全，枯萎早落。

图 9-2 核桃黑斑病叶（摘自张玉聚）

图 9-3 核桃黑斑病果（摘自张玉聚）

枝梢上病斑长形，褐色，稍凹陷，病斑扩展包围枝条使上段枯死。

幼果受害，果面产生黑色小斑点，逐渐扩大成片变黑，深入果肉，使整个果实连同核仁全部变黑、腐烂、脱落。果实长到中等大小时受害，往往只是外表青皮脱落，内部核仁完好。

花序受侵后，产生黑褐色水渍状病斑。

2. 发生规律

病原细菌在病枝或病芽里越冬。翌年春季细菌借风雨飞溅传播到叶、果及嫩枝上为害。病菌可侵染花序（器），花粉也能传带病菌。昆虫也是传带病菌的媒介。病菌由气孔、皮孔、蜜腺及各种伤口侵入。潜育期果实上 5～34 天，叶片上为 8～18 天。在足够的湿度条件下，温度在 4～30℃范围内都可侵染叶片，在 5～27℃时可侵染果实。

发病的重和轻与每年雨水多少有关，一般在核桃展叶期至开花

期最易感染，随后抗病逐渐加强。

3. 防治措施

① 核桃采收后，处理脱下的果皮。结合修剪，剪除病枝梢及病果，收拾地面落果，集中烧毁。

② 增强树势，提高树体抗病性。采收时少采用棍棒敲击，减少树体伤口；核桃举肢蛾发生严重的地区，及时防治虫害。

③ 药剂防治：黑斑病发生严重的核桃园，在发芽前喷1次2波美度石硫合剂。生长期喷分别在展叶（雌花开花前）、花后以及幼果早期各喷1次1∶(0.5～1)∶200波尔多液。另外喷0.4%草酸铜，效果也好，且不易产生药害。或1500倍50%甲基托布津。

二、核桃枝枯病

1. 为害

主要为害枝干，多发生在1～2年生枝条上，造成枝干枯干。

2. 病状

1～2年生枝条受害，从顶端向主干逐渐干枯。被害枝条皮层初呈暗灰褐色，后变为浅红褐色或深灰色，大枝病部下陷，病死的枝干、木栓层下散生很多黑色小粒点，即病原的分生孢子盘，直径0.2～0.3毫米。湿度大时，从分生孢子盘上涌出大量黑色短柱状分生孢子。受害枝上叶片变黄脱落，枝皮失绿变成灰褐色，干燥、开裂，病斑围绕枝条一周，枝干枯死，甚至全树死亡（图9-4）。

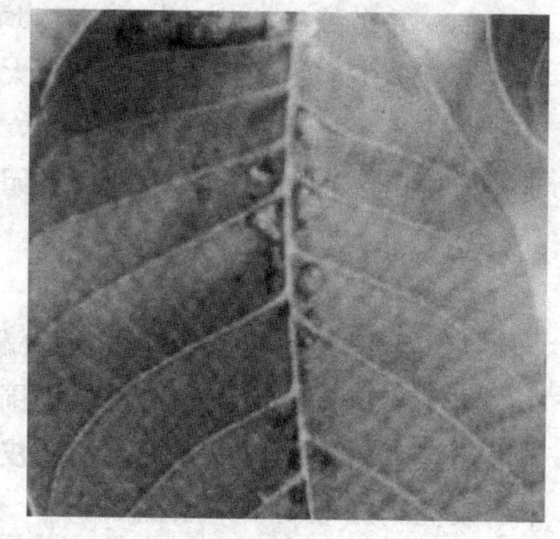

图9-4 核桃枝枯病叶（摘自张玉聚）

3. 病原

无性阶段为半知菌类、黑盘孢目的一种真菌，主要是无性阶段侵染为害；有性阶段属于子囊菌亚门，自然情况下很少发生。

4. 发病规律

该病原菌以分生孢子盘或菌丝体在枝条、树干病部越冬。翌年条件适宜时，产生的分生孢子借风雨或幼虫传播，从伤口侵入。该菌属弱寄生菌，生长衰弱的核桃树或枝条易染病，春旱或遇冻害年份发病重。

5. 防治方法

（1）加强栽培管理，增施有机肥，增强树势，提高抗病能力。

（2）彻底剪除销毁病枝，消灭菌源，防止蔓延。

（3）选土壤肥沃、土层厚的地块建园；同时，注意防寒，预防树体受冻。

（4）主干发病，应及时刮除病部，用1%硫酸铜或21%果富康3～5倍液消毒。

（5）发病严重的核桃园可喷50%多菌灵1000倍液或21%果富康400～500倍液。

三、核桃腐烂病

1. 分布及为害

又名核桃黑水病，主要为害新疆核桃，分布于西北、华北各地及山东、安徽等省，从幼树到大树均有受害。核桃进入结果期后，如栽培管理不当、缺肥少水、负载太大、树势衰弱，腐烂病发生严重，造成枝条枯死、结果能力下降，严重时引起整株死亡。特别是新疆核桃产区发生较重，个别严重园病株率可达80%左右。

2. 病状

主要为害枝干树皮。

大树主干感病后，病斑初期隐藏在皮层内，俗称“湿囊皮”。有时多个病斑连片成大的斑块，周围聚集大量白色菌丝体，从皮层内溢出黑色粉液。树皮纵裂，沿树皮裂缝流出黑水（故称黑水病），干后发亮，好似刷了一层黑漆。

幼树主干和侧枝受害后，病斑初期近于梭形，呈暗灰色，水浸状，微肿起，用手指按压病部，流出带泡沫的液体，有酒糟气味。病斑上散生许多黑色小点，即病菌的分生孢子器。空气湿度大时，从小黑点内涌出橘红色胶质丝状物，为病菌的分生孢子角。病斑沿树干纵横方向发展，后期病斑皮层纵向开裂，流出大量黑水，幼树侧枝或全株枯死。

3. 病原

核桃腐烂病是一种真菌病害，为半知菌类。分生孢子埋于木栓层下，分生孢子器多腔、形状不规则、黑褐色、有长颈。分生孢子单孢、无色、香蕉形。

4. 发病规律

以菌丝及分生孢子器在病枝上越冬，翌年条件适宜时产生分生孢子，分生孢子借雨水、风力、昆虫等传播。从各类伤口侵入，树液流动时开始活动，逐渐扩展蔓延为害。成熟的分生孢子器，每当空气湿度大时，陆续泌出分生孢子角，产生大量的分生孢子，进行多次侵染为害，直至越冬前停止侵染。春秋两季为一年的发病高峰期，特别是在4月中旬～5月下旬为害最重。一般管理粗放、土层瘠薄、排水不良、肥水不足、树势衰弱或遭受冻害及盐害时核桃树易感染此病。

5. 防治方法

(1) 加强核桃园的综合管理，多施有机肥，提高树体营养水平，增强树势和抗寒抗病能力，入冬前树干涂白，注意防冻、防旱和防虫，是防治此病的基本措施。

(2) 及时刮治病斑，以春季为重点，其次是秋季，但常年检查及刮治不能放松，刮下的病屑应及时收集烧毁，避免人为传染。刮病斑时，应将韧皮部和木质部变色部分刮净，并刮掉病斑边缘以外0.5厘米的健皮，刮后涂抹1～2次杀菌剂保护伤口和防止病疤复发。或用药治疗，药剂可选用9281（果富康）2～3倍液，涂抹至不起泡沫为止；苹腐速克灵2～3倍液；菌立灭1～5倍液。使用这些药剂可不用刮皮，在病斑上间隔1厘米纵划数刀深达木质部，然后涂药，半个月后再涂1次，连用2～3次即可。

(3) 采收核桃后，结合修剪，剪除病虫枝、枯枝，刮除病皮，收集烧毁，以减少病原菌源。

(4) 落叶后和萌芽前喷药防治，可喷施100倍果富康液，喷洒时注意将直径3厘米以上枝干全部均匀喷洒。在生长季喷施1～2次21%果富康400～500倍液。生长季发现病斑及时刮除，并涂抹果富康。

(5) 防治其他病虫害，如叶螨、透翅蛾、吉丁虫、蚜虫等，以增强树势、减少腐烂病发生。

四、核桃炭疽病

1. 为害

主要为害果实，果实受害后早期脱落或核仁干瘪，发病重的年份对核桃产量影响很大。

2. 病状

该病主要为害果实、幼树、嫩梢和芽（图9-5）。果实受害后，果皮上出现黑褐色、近圆形病斑，后变黑色凹陷，逐渐扩大为近圆形或不规则形，在中央产生许多褐色至黑色小点，多呈同心轮纹状排列，为病菌的分生孢子盘，天气潮湿时涌出粉红色的分生孢子团。一个病果常有多个病斑，病斑扩大连片后导致全果变黑，腐烂

图9-5 核桃炭疽病

达内果皮，核仁无食用价值。发病轻时，核壳或核仁的外皮部分变黑，降低出油率和核仁产量，果实成熟时病斑局限在外果皮，对核桃影响不大。

叶片感病后，病斑黄色不规则，在叶脉两侧呈长条状枯斑，在叶缘发病呈枯黄色病斑。严重时全叶变黄造成早期落叶。

3. 病原

为一种真菌，属于半知菌，与苹果、葡萄炭疽病为同一病原。分生孢子盘圆形，孢子梗短，分生孢子顶生成囊，单生，长椭圆形，无色。分生孢子盘着生于外果皮表层2～3层细胞之下，孢子盘成熟后突破寄生表皮，放出分生孢子。

4. 发病规律

病菌以菌丝体在病果、病叶上越冬，成为翌年初次侵染来源。核桃园附近有苹果树则发病重。病菌分生孢子借风、雨、昆虫传播，从伤口、自然孔口侵入，在25～28℃温度下，潜育期3～7天，一般幼果期易受侵染，7～8月发病重，并可多次进行再侵染。新疆核桃感病重、受害严重。发病的早晚、轻重与当年的雨量有密切关系，如雨季早、高温、湿度大、雨多则发病早且重；否则，发病晚、为害轻。

5. 防治方法

（1）及时清除病叶、病果，集中烧毁或深埋，以减少病原。

（2）发芽前喷5波美度石硫合剂，消灭越冬病菌。发病前期喷2～3次硫酸铜：石灰：水为1：2：200的波尔多液，或50%多菌灵800倍液，幼果期喷药很关键。

五、核桃溃疡病

主要为害枝条和主干。

1. 症状

在树干和主侧枝基部出现褐色或黑色近圆形溃疡斑，后扩大成长梭形病斑或水泡斑，破裂后流褐色液体，病斑干缩下陷，中部开裂，并散生许多小黑点，即病菌分生孢子器。潮湿时小黑点上溢出乳白色分生孢子角。

2. 发生规律

病菌主要以菌丝体在当年病皮内越冬，翌年4月份气温上升到11.4℃～15.3℃时开始活动，5月下旬气温达28℃左右时，分生孢子大量形成，借风雨传播，多从伤口侵入，发病达高峰期。6月下旬气温30℃以上时，病害基本停止蔓延，入秋后温、湿度适宜时，病害再次发展，但没有春季重。

土壤贫瘠、土质黏重、排水不良、地下水位高、树体生长不良，则发病严重。管理粗放、不施肥、不修剪、冻害、虫害造成伤口多，树势弱，发病重。

3. 防治方法

防旱排涝，增施有机肥或种绿肥，改良土壤，增强树势。合理修枝整形，改善树冠结构，提高光能利用率。清除并烧毁病虫枝，减少感病来源。

枝干和主枝基部刷涂白剂。4月、5月、8月各喷1次50%甲基托布津可湿性粉剂200倍液，或80%“402抗菌剂”乳油200倍液。刮去病斑枝皮至木质部或在病斑处横、纵割几条口子，涂刷3波美度石硫合剂，或1%硫酸铜液。

六、核桃褐斑病

1. 为害

属于真菌性病害，主要为害叶片，也为害果实和新梢，引起早期落叶、枯梢，影响树势和产量。

2. 发病规律

病菌在病叶或病枝上越冬，第二年春天从伤口或皮孔侵入叶、枝或幼果，5月中旬至6月开始发生，7～8月为发病盛期，多雨年份或雨后高温、高湿时发病迅速。叶片受害，先在叶片上出现近圆形或不规则形病斑，中间灰褐色，边缘暗黄绿色至紫褐色。病斑常融合一起，形成大片焦枯死亡区，周围常带黄色至金黄色。被害严重时8月份病叶大量脱落，9～10月重生新叶，开二次花，严重衰

弱树势（图 9-6）。

图 9-6 核桃褐斑病

3. 防治方法

（1）剪除病枝，清除病叶。

（2）药剂防治：发芽前喷 1 次杀菌剂，如 3～5 波美度的石硫合剂。

（3）生长季节（6 月上中旬及 7 月上旬）喷倍量式波尔多液 2～3 次。

第六节 核桃虫害

一、核桃举肢蛾

核桃举肢蛾属于鳞翅目、举肢蛾科。又名核桃黑。

1. 为害

以幼虫蛀入核桃果内，纵横穿食为害，被害果皮发黑，凹陷，核桃仁发育不良，干缩而黑。有的幼虫早期侵入硬壳内蛀食为害，使核桃仁枯干。有的蛀食果柄间的维管束，引起早期落果，严重影响核桃产量。

2. 形态特征

（1）成虫　体长 4～8 毫米，体黑色，有金属光泽。头部褐色，被银灰色大鳞片；触角浅褐色，密被白毛。前翅基部 1/3 处有椭圆形白斑，2/3 处有月牙形或三角形白斑，其他部分均为黑色，缘毛黑褐色；后翅被针形，缘毛长于翅宽。体腹面银白色。

（2）卵　椭圆形，初产乳白色，渐变黄白色、黄色、浅红色，孵化前为红褐色。

（3）幼虫　老熟时体长 7.5～9.0 毫米，淡黄白色，背面稍带红色。

（4）蛹　体长 4～7 毫米，纺锤形，黄褐色。

（5）茧　椭圆形，褐色，长 8～10 毫米，常附草末及细土粒。

3. 生活习性

在河北及山西 1 年发生 1 代，陕西 1 年发生 1～2 代，均以老熟幼虫在树冠下的土内、石块与土壤间结茧越冬。河北省越冬幼虫在 6 月上旬至 7 月下旬化蛹，盛期在 6 月下旬，蛹期 7 天左右。成虫发生期在 6 月上旬至 8 月上旬，盛期在 6 月下旬至 7 月上旬。幼虫 6 月中旬开始为害，老熟幼虫 7 月中旬脱果，盛期在 8 月上旬。越冬幼虫入土深度 1～2 厘米，以树冠荫蔽的土中较多。

成虫趋光性弱，多在树冠下部叶背活动、交尾。卵多产于两果相接的缝内，其次是萼洼。每雌能产卵 30～40 粒，卵经 4～5 天孵化。幼虫孵化后在果面爬行 1～3 小时，寻找适当部位蛀入果实，在青皮内纵横穿食为害，隧道内充满虫粪。早期被害果，青皮皱缩变黑，提早脱落。幼虫在果内为害期为 30～45 天。幼虫老熟后，脱果坠地入土结茧越冬。多雨潮湿的年份发生严重。

4. 防治措施

（1）农业防治　冬前刨树盘，将树冠下的土壤深翻，消灭越冬幼虫。8 月前摘除被害果，消灭当年幼虫。

（2）树上药剂防治　在 6 月上旬至 7 月中旬，喷 25％西维因 500～700 倍液，或 20％氰戊菊酯或 2.5％溴氰菊酯乳油 2000 倍液。每隔 10～15 天喷 1 次。

二、木橑尺蠖

木橑尺蠖属鳞翅目、尺蠖蛾科。又名木撩步曲，俗称小大头虫。

1. 为害

在我国华北、西北、西南、华中和台湾省均有分布。在太行山麓的河北、河南和山西的10余个县，有些年份曾大量发生，3～5天吃光树木和农作物叶子，严重威胁农林生产。寄主植物150余种，主要为害木橑和核桃。

2. 形态特征

(1) 成虫　雌蛾触角丝状，雄蛾触角短羽状。前、后翅灰白色，近外缘有一串橙色及褐色组成的椭圆形斑，前翅7个，后翅5～6个，不明显；翅面有灰斑，灰斑的变异很大，前、后翅中室端部常各有1个大灰斑。

(2) 卵　扁圆形，初为绿色，渐变为灰绿色，孵化前变暗绿色。卵块上覆一层黄棕色鳞毛。

(3) 幼虫　老熟时体长约75毫米，为害核桃的幼虫多为淡黄褐色。体上散生颗粒状突起。头部密生粗颗粒，头顶两侧具峰状突起，头与前胸在腹面连接处具一黑斑。

(4) 蛹　黑褐色有光泽。蛹体前端背面左右各有一耳状突起，每个突起由6～7瓣合成，边缘不整齐。腹末臀棘短而宽，肛孔与臀棘两侧各有3个峰状突起。

3. 生活习性

在华北地区每年1代，以蛹在树干周围的土中、梯田壁缝或碎石堆内越冬。成虫羽化期最早在5月上旬，7月中下旬为盛期，8月底为末期。7月上旬至8月下旬幼虫孵化，孵化盛期为7月下旬至8月上旬，7月上旬至10月下旬发生幼虫，7月下旬至8月份为为害盛期。幼虫历期45天左右。

成虫不活泼，有较强的趋光性，多于夜间10～12时活动，寿命4～12天。卵多产于粗糙的树皮缝内或石块上，每雌产卵量多为

1000～1500粒。卵期9～11天。初孵幼虫有群集性，可吐丝下垂，借风力转移为害，2龄后分散为害，5～6龄时食量猛增，树叶被吃光后，即转害大田作物。8月中旬至10月下旬老熟幼虫坠地入土化蛹越冬。幼虫停留时以腹足和臀足抓紧枝条，全身竖起，似一短棍，所以称作“棍虫”。

木檫尺蠖在冬季少雪、春季干旱的年份发生轻。5月份的适量降雨有利于成虫羽化，幼虫发生量大。不同生态环境越冬死亡率也不同，阳坡死亡率高于阴坡，深山区低于浅山区，灌木丛生的荒山低于植被稀疏的荒山。

4. 防治措施

（1）蛹密度大的地区，在结冻前和早春解冻后，可人工刨蛹。

（2）成虫早晨不爱活动，可捕杀。成虫趋光性强，羽化盛期可用堆火或黑光灯诱杀。

（3）化学防治：喷药应在幼虫4龄前进行，即在成虫羽化盛期过后23～25天。有效的药剂有25%可湿性西维因300～500倍液、75%辛硫磷2000倍液、2.5%溴氰菊酯乳油2000倍液等。

三、云斑天牛

云斑天牛属鞘翅目、天牛科。又名核桃大天牛。

1. 为害

幼虫在皮层及木质部钻蛀隧道，凡受害树大部枯死，是核桃树的毁灭性害虫。

2. 形态特征

（1）成虫　体长57～97毫米，体灰黑色。前胸背板有2个肾形白斑，小盾片白色，鞘翅基部密布黑色瘤状颗粒，鞘翅上有大小不等的白斑，似云片状。体两侧从复眼后方至最后一节有1条白带。

（2）卵　长椭圆形，略弯曲，长8～9毫米，淡土黄色。

（3）幼虫　体长74～87毫米，黄白色，略扁。前胸背板橙黄色，且有黑色点刻，两侧白色，有一半月牙形橙黄色斑块。后胸及

腹部1～7节背面和腹面分别有瘤口。

（4）蛹　褐色。

3. 生活习性

2年1代，以成虫或幼虫在树干内过冬。陕西、河南等地，成虫于5月下旬开始钻出，啃食核桃当年生枝条的嫩皮，食害30～40天，开始交配、产卵。成虫寿命最长达3个月。卵多产在树干离地面2米以内处。产卵时在树皮上咬成长形或椭圆形刻槽，将卵产于其中，一处产卵1粒。卵经10～15天孵化。幼虫孵化后，先在皮层下蛀成三角形蛀痕，幼虫入孔处有大量粪屑排出，树皮逐渐外胀纵裂，被害状极为明显。幼虫在边材为害一个时期，即钻入心材，在虫道中过冬。来年8月在虫道顶端作1蛹室化蛹，9月羽化为成虫，即在其中过冬。第三年核桃树发枝后，成虫从树干上咬一圆孔钻出。每雌产卵20粒左右。

4. 防治措施

（1）成虫发生期，人工捕捉。

（2）成虫产卵后，有产卵刻槽，可用石头或铁锤砸卵槽，消灭卵或初孵幼虫。

（3）幼虫为害期，发现树干上有粪屑排出时，用刀将皮剥开挖出幼虫。或从虫孔塞入磷化铝片，每孔按剂量0.2～0.3克（每片0.6克，即1/3～1/2片），塞后用黏泥封闭。

四、核桃小吉丁虫

1. 为害

主要为害枝条。以幼虫蛀入2～3年生枝干皮层，或螺旋形串圈为害，故又称串皮虫。枝条受害，枯梢，树冠变小，产量下降。幼树受害严重时，易形成小老树或整株死亡。

2. 形态特征

（1）成虫　体黑色，有金属光泽，棱形，雌虫体长6～7毫米，雄虫体长4～5毫米。体宽约1.8毫米，头中部纵凹陷，触角锯齿状，复眼黑色。前胸背板中部稍隆起，头、前胸背板及翅鞘上密布点刻。

（2）卵　初产白色，　1天后变为黑色，扁椭圆形，长约1.1毫米。

（3）幼虫　体乳白色，老幼虫体长12～20毫米，扁平，头棕褐色，缩于前胸内，前胸特别膨大，中部有“人”形纵纹，尾部有1对褐色尾铗。

（4）蛹　为裸蛹，初乳白色，羽化前为黑色，体长约6毫米。

3. 生活习性

1年发生1代，以幼虫在2～3年生被害植株越冬。6月上旬至7月下旬为成虫产卵期。7月下旬到8月下旬为幼虫为害盛期。成虫喜光，树冠外围枝条产卵较多。生长弱、枝叶少、透光好的树受害严重，枝叶繁茂的树受害较轻。成虫寿命12～35天。卵期约10天，幼虫孵化后蛀入皮层为害，随着虫龄的增长，逐渐深入为害，直接破坏疏导组织。被害枝条表现不同程度的落叶和黄叶，能完全越冬。在成年树上，幼虫多为害2年、3年生枝条。受害枝条无害虫越冬，越冬害虫几乎全部在干枯枝条中。

4. 防治措施

（1）秋季采收后，剪除全部受害枝，集中烧毁。或在发芽后成虫蛹化前剪除，不能在核桃树休眠期剪枝，以防引起伤流。在成虫羽化产卵期，设立诱饵，诱集成虫产卵，烧毁。成虫羽化出洞前用药剂封闭树干。

（2）药剂防治。从5月下旬开始每隔15天用25%西维因600倍液或48%乐斯本乳油800～1000倍液喷洒主干。在成虫发生期，结合防治举肢蛾等害虫，在树上喷洒50%杀螟松乳油或25%西维因600倍液。

附 录

一、核桃科学栽培管理技术答疑

（选自陈敬谊河北电视台“农博士在行动”答疑，供参考）

1. 核桃树对种植环境的要求

答：核桃树对环境条件的要求如下。

（1）温度　核桃树是喜温树种。普通核桃适宜生长的温度范围，年平均气温为9～16℃，极限最低气温为－25℃，极端最高温度为35～38℃。无霜期在180天以上。所以张家口和承德市除少部分地区可以试种外其余地方都不能种植。

（2）光照　核桃喜光。在一年的生长期内，日照时数和强度对核桃的生长、花芽分化及开花结实影响很大，特别是进入盛果期的核桃树，更需要有充足的光照条件。

（3）水分　核桃树耐干燥的空气，而对土壤水分比较敏感，土壤过旱或过湿都不利于核桃树的生长和结果。因此，山地核桃园应尽量配套水土保持工程，平地核桃园则需解决排水问题，地下水位应在2米以下。

（4）土壤　核桃属于深根系树种，其根系的生长需要有较深厚的土层（1米），才能保持良好的生长发育。如果土层较薄，则影响根系的正常生长，容易形成“小老树”，产量较低。核桃树生长在中性和微碱性的土壤中最好。土壤的含盐量要求在0.25%以下。

2. 辛集观众问：我想种核桃树，不知什么核桃品种好，皮薄、个大、种植后见效快、亩产高，有这样的品种吗？

答：目前河北省栽培的优质丰产早实、薄皮核桃品种有：香玲，清香，辽核 1、4、7 号，薄壳香，中林 1、5 号，元丰，鲁光等。河北省现在基本上 100％种薄皮核桃品种了。

优点是树体生长快、结果早、产量高、果壳薄、出仁率高、坐果率高。

但是有优点就有缺点，目前栽培的优质丰产早实、薄皮核桃品种的缺点是喜肥沃土壤、喜肥水、树体和结果枝组容易早衰、抗寒能力和抗病能力下降，有时产量过高会造成品质下降。

3. 临城观众问：我们村自 7 年前开始推广薄皮核桃，就在前年种植面积达到了 80％以上，但现在核桃树出现了很多问题，我们种植户都很着急。陈老师，有什么办法可以克服目前核桃品种的缺点吗？

答：加强水肥管理（简单说）、进行疏花疏果（展开说）、加强病虫害防治（简单说）。

4. 观众问：薄皮核桃树施什么肥料好？怎么施肥浇水？

答：(1) 秋施基肥。核桃采收后至落叶前施基肥。方法是初果期在树冠垂直投影处挖条状沟或环状沟，沟深 40 厘米，宽 50 厘米，沟内向树一侧有大量须根。盛果期大树在行间垂直投影处挖条沟，沟深 50 厘米，宽 50～60 厘米。沟挖好后按斤果斤肥（鲜果重）原则施肥。初果幼树株施 20～30 千克优质腐熟厩肥，盛果树顺沟株施 30～50 千克，待落叶后结合清园将落叶一并扫入沟内，埋土、踩实后浇水。既可落叶归根，增加土壤有机营养，又可防治病虫害发生。

(2) 追肥。早春结合灌萌芽水适量追施 N 肥和中微量元素肥料，开花坐果期和幼果膨大期每株追施 2～3 千克多元素复合肥，全园撒施后浇透水。

5. 邢台西部山区，核桃收获的时候能否用刚采收的带有青皮的核桃育核桃苗？

答：效果不太好，我去年也在 9 月初核桃采收期间带绿皮播了几百个核桃进行试验观察，结果只出了五分之一苗，而且由于苗小幼嫩，今年冬季地上部全部干枯，建议还是等第二年春季播种比

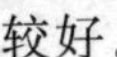

较好。

早实核桃病虫害种类较多，为害也比普通核桃严重，特请广大果农在重视栽培管理的同时，也要做好病虫害的预防和治疗工作。

6. 陈老师，说到果树的栽培管理，离不开修剪技术，核桃应该也是如此吧。那核桃树的修剪一般都在什么时候进行呢?

答：长期以来，核桃的修剪多是在春季萌芽后（春剪）和果实采收后至落叶前（秋剪）进行。但近几年来，大量的试验结果证明，核桃冬季修剪在生长、结果、树体主要营养水平方面都优于春秋季修剪。冬季修剪虽然会产生伤流，但主要是水分和少量矿物质营养的损失，而秋剪有叶片正进行光合作用和营养尚未回流的损失，春季萌芽后修剪有营养消耗和新器官形成的损失。相比之下，冬剪营养损失最少，我认为优质薄皮核桃冬季休眠期修剪是最合理时期。

7. 秦皇岛观众问到了一个有关修剪的问题。他说：我家有20亩丁香核桃，请问专家怎么修剪及修剪以后怎么管理？这个问题有点宽泛啊，修剪应该跟树形有关吧，陈老师？

答：对。目前薄皮核桃树形以疏散分层形、纺锤形、开心形为主。幼树和初结果期树冬剪任务是以培养树形为主，具体做法是短截中心干延长枝和多个主枝，促发分枝，扩大树冠，剪除竞争的背下枝和病虫害枝，疏除过密枝、重叠枝，将抚养枝拉枝开角，促进早结果。

成龄结果树修剪的重点是调整生长与结果的关系。早实核桃进入盛果期后，树冠扩张明显减弱，树体长势减弱，结果枝枯死更替现象明显，徒长枝时有发生。此时期的修剪主要是疏除细弱枝条，回缩衰弱结果母枝，改造徒长枝，培养成结果枝组。疏除树冠外围生长旺盛的二次枝，清除内膛过密枝、重叠枝、交叉枝、细弱枝和病虫害枝。通过复壮更新，有计划地培养结果枝组，保持丰产树势。对过多的辅养枝，要逐年疏除，保证树体通风透光。

8. 核桃病虫害也是老乡们非常关心的问题。赞皇观众问：我家的核桃去年有的长着长着就烂到树上了，是怎么回事？该怎么防治?

答：这是核桃炭疽病，主要为害果实和叶片。

防治方法如下：

① 落叶后清除病枝、落果与落叶，集中烧毁。

② 加强树体管理，以改善通风透光条件。

③ 发病前（5～6 月）喷洒 1：1：200（硫酸铜：石灰：水）的波尔多液。

④ 发病期（6～8 月）用 50%多菌灵 600 倍液或 50%甲基托布津 800 倍液喷雾，每隔半个月喷 1 次，连喷 2～3 次。

9. 行唐观众问：核桃叶子上有斑点，担心会传到果上，请问专家用什么药防治？来看他发来的图片。

答：这是核桃褐斑病，只侵染叶片和新梢，造成叶片早期脱落。

防治方法如下：

① 晚秋清除病叶、病梢，深埋和销毁。

② 雨季来临前喷 1 次 1：2：200 的波尔多液进行预防，发病期喷 50%甲基托布津 800 倍液杀灭，每隔 15 天左右喷 1 次。

另外还有一种病也会造成核桃叶子上长斑点，那就是核桃黑斑病。防治方法如下。

① 选择抗病品种，加强栽培管理，结合采果后修剪清除病枝病果。芽前喷洒 3～5 波美度石硫合剂，杀灭越冬病菌。

② 生长期喷洒 1：1：200（硫酸铜：石灰：水）的波尔多液预防，发病期全树喷 70%百菌清 800 倍液。

10. 下面这个问题是有关核桃上的虫害的。涞水观众问：怎么防治咬食核桃的害虫？我们这里很厉害，往年很多核桃都被咬了，损失很大。

答：咬食核桃的害虫主要有两种，一种是核桃举肢蛾；另一种是核桃长足象甲。先说核桃举肢蛾。

该虫在河北省 1 年发生 1 代，以老熟幼虫在树冠下 1～3 厘米深的土中越冬，第二年 7 月初开始羽化出土，交配，产卵。

它的样子像马蜂。防治方法如下：

① 将受害果脱落前及时剪摘深埋。

② 冬季清除树冠下枯枝落叶和杂草，刮除树干基部老皮，集中烧毁。

③ 秋季深翻树盘，杀死越冬幼虫。

④ 核桃树干基部捆塑料布，雌成虫没有翅膀，会爬不会飞，可人工树下捕捉。

⑤ 7 月中下旬成虫产卵孵化期选用菊酯类 1500～2000 倍液，喷雾 1～2 次。

再说核桃长足象甲。该虫只为害核桃。幼虫蛀食果实、嫩枝、幼芽等，果实被害后，果内充满棕黑色粪便，果仁被食，造成6～7 月份大量落果，甚至绝收。河北每年发生 1 代，以成虫在树干基部阳面的粗皮缝中或向阳处的杂草、表土层中越冬。翌年 4 月份，成虫开始活动，上树取食芽。5 月中旬前后开始交尾产卵于核桃果面。幼虫孵出后蛀入果内，4～5 月发生的幼虫，在内果皮硬化前，主要取食种仁，蛀道内充满黑褐色粪便，种仁变黑，果实脱落。

防治方法如下。

① 人工防治，及时捡拾落果，并摘除树上的被害果，集中烧毁，以消灭幼虫、蛹和未出果的成虫。也可在成虫发生盛期振动树枝，树下铺置塑料布，收集并处理落地成虫。

② 药剂防治，从成虫出蛰盛期至幼虫孵化盛期，是核桃长足象甲药剂防治的关键时期，可用菊酯类杀虫剂 2000 倍液树冠喷雾。

③ 生物防治，在药剂防治适期用每毫升含孢量 2 亿的白僵菌液喷雾，在相对湿度 80%以上时，效果良好。

二、优质高档核桃周年管理历

（引自张美勇等编著，核桃园艺工培训教材，2009）

1 月～2 月（休眠期）

栽培技术要点：①冬季修剪，常用树形有主干疏层形和自然开心形，主干疏层形留 6～7 个主枝，分 2～3 层，对结果后的大树重点培养结果枝组，枝组间保持 0.6～1 米距离，盛果期以疏除病虫枝、过密枝、重叠枝、下垂枝为主，结合修剪采集接穗；②刮老树皮，兼刮治腐烂病；③喷 5 波美度的石硫合剂，防治核桃黑斑病等多种病虫；④早春进行改土、保墒、松土。

3 月～4 月（萌芽开花期）

栽培技术要点：①合理灌水施肥（复合肥为主）；②育苗、嫁接、疏雄花；③防治病虫害（以核桃举肢蛾、黑斑病、云斑天牛、小吉丁虫为重点），枝干害虫可采用人工捕捉、虫眼灌药法（治云斑天牛、吉丁虫）；④采用人工辅助授粉、去雄花、疏花疏果等方法提高坐果率。

注意事项：坡地、旱地宜推广“穴储肥水”、覆膜等保墒增肥技术。

5 月（果实膨大期）

栽培技术要点：①苗圃管理，高接后管理；②防治病虫。

6 月～8 月（花芽分化及硬核期）

栽培技术要点：①嫁接，苗圃地中耕除草、施肥；②高接树除萌、绑支架；③病虫害防治（黑斑病、举肢蛾为重点）；④花芽分化前（6 月上中旬）追肥以复合肥为主；⑤叶面喷肥，增加磷、钾肥含量。

注意事项：果实硬核期前（8 月份）追肥或喷肥有显著增产作用。

9 月～10 月（果实成熟期）

栽培技术要点：①果适期采收，采后加工处理；②采收后施基肥，大树每施 100～200 千克农家肥，混加复合肥；③果园覆盖秸秆类，结合深翻改土；④修剪。

注意事项：过早采收是较普遍的问题；推广果园覆草技术。

11 月～12 月（落叶休眠期）

栽培技术要点：①清园（清扫落叶、落果并销毁），翻耕；②冬灌（封冻前灌水）利于幼树越冬前防寒（涂白、根部培土等）；③冬季修剪。

参 考 文 献

[1] 杜澍主编．果树科学实用手册．西安：陕西科学技术出版社，1986.
[2] 李光武主编．果树科学用药指南．北京：中国农业科技出版社，1997.
[3] 熊毅，李庆逵．中国土壤．北京：科学出版社，1987.